普通高等教育"十二五"规划教材

数据库原理与实践
——SQL Server 2005

主　编　曲翠玉

副主编　干为民　庄燕滨

U0284071

中国水利水电出版社

www.waterpub.com.cn

内 容 提 要

本书紧紧围绕数据库的精髓部分,介绍数据库的基本原理和设计方法,并理论联系实际,讲解当前流行的 SQL Server 2005 常用的操作方法。本书可划分为两大部分内容,第一部分系统介绍了数据库系统的基本原理、关系代数实现的数学基础、关系数据库设计的步骤和方法以及标准的数据库查询语言 SQL。第二部分介绍了目前流行的 SQL Server 2005 数据库管理系统的使用、Transact-SQL 语言和数据库的安全等内容。在讲解过程中,案例鲜明,重点突出。

本书既可作为本科院校信息管理与信息系统专业或计算机专业的专业课教材,也可作为相关领域技术人员的参考用书或培训教材。

图书在版编目(CIP)数据

数据库原理与实践 : SQL Server 2005 / 曲翠玉主编. -- 北京 : 中国水利水电出版社,2014.8
普通高等教育"十二五"规划教材
ISBN 978-7-5170-2438-5

Ⅰ. ①数… Ⅱ. ①曲… Ⅲ. ①关系数据库系统-高等学校-教材 Ⅳ. ①TP311.138

中国版本图书馆CIP数据核字(2014)第203548号

书　　名	普通高等教育"十二五"规划教材 **数据库原理与实践——SQL Server 2005**
作　　者	主编　曲翠玉　　副主编　干为民　庄燕滨
出版发行	中国水利水电出版社 (北京市海淀区玉渊潭南路1号D座　100038) 网址:www.waterpub.com.cn E-mail: sales@waterpub.com.cn 电话:(010)68367658(发行部)
经　　售	北京科水图书销售中心(零售) 电话:(010)88383994、63202643、68545874 全国各地新华书店和相关出版物销售网点
排　　版	中国水利水电出版社微机排版中心
印　　刷	北京瑞斯通印务发展有限公司
规　　格	184mm×260mm　16开本　12.75印张　302千字
版　　次	2014年8月第1版　2014年8月第1次印刷
印　　数	0001—3000册
定　　价	**25.00元**

前　言

　　数据库系统是计算机系统的重要组成部分，是企业、政府乃至整个信息社会赖以生存的基础，在当今社会中扮演着越来越重要的角色。正是由于数据库具有重要的基础地位，数据库理论与技术教育已成为现代计算机科学和相关学科的核心部分，所有计算机及其相关专业的学生都有必要掌握数据库的理论和技术。

　　通过多年的数据库课程教学，我们发现在学习完数据库课程后，学生仍然不会"用"数据库——不会设计数据库，不会管理数据库，不会开发数据库应用程序，从而失去了数据库课程的教学意义。这种结果和教材选用以及教学内容相关，目前，虽然数据库教材很多，但很难找到完全适合教学需要的教材。每种教材都有各自的闪光点，有的理论讲解比较精辟，有的附有典型案例，但很难找到集众优点于一身的教材。而且很多教材会在一些难度比较高和不太重要的内容上花大量篇幅讲解，例如数据库的文件组织、索引、查询优化等。于是，编者决定编写一套让学生会"用"数据库的教材，一本"够用"并且"实用"的教材，这便是编写本书的初衷。本书虽然不一定能完全达到目标，但至少开始了有益的尝试。

　　实用性是本书的显著特点，本书分为理论和实践两部分。前 3 章详细讲述了数据库的理论知识，包括数据库的发展史、数据库和数据库系统的体系结构、数据模型以及关系代数。第 4 章详细讲述了数据库的设计方法和步骤，并选取考场安排、交通违章通知单等一些典型案例以提高读者学习的兴趣。第 5 章是一个完整的数据库设计案例——网上书店，把第 4 章的理论知识应用于实践。第 6 章通过实例详细讲解了关系数据库的查询语言——SQL 语言，讲解通俗易懂，便于读者轻松掌握。第 7 章~第 10 章是实践部分，结合当前流行的数据库管理系统 SQL Server 2005，讲解了使用企业管理器设计数据库的方法、使用Transact-SQL 语言对数据库进行操作的方法以及数据库的安全性设置。

　　本书比较适合本科院校信息管理与信息系统专业或计算机专业作为专业课

的教材，每章后还附有习题，难易适中。建议理论学习 48 学时，上机实践 36 学时，先修课程为"C 语言"、"信息技术"等课程。作者曾经利用这些内容给信息管理与信息系统专业的学生进行多轮授课，取得了很好的教学效果。

本书的第 1 章～第 3 章由常州工学院庄燕滨编写，第 4 章～第 7 章由大连理工大学城市学院曲翠玉编写，第 8 章～第 10 章由常州工学院干为民全书由曲翠玉统稿。本书的顺利出版，在此要感谢上述各位老师的大力支持与帮助。

由于时间仓促，书中难免存在不妥之处，敬请读者原谅，并提出宝贵意见。

编　者

2014 年 4 月

目　　录

第1章 数据库系统概述

计算机最基本的功能是处理各种信息（也称数据）。早期的计算机处理的各类数据是分散的，当计算机使用了各种高级语言（如 C 语言、Basic）后，数据便分门别类规范化。20世纪 60 年代，计算机系统应用了由 IBM 公司研制的第一代数据库管理系统。第一代数据库管理系统指层次和网状数据库系统，70 年代诞生了第二代数据库系统，即关系数据库系统。目前，计算机领域正在研究和发展的数据库系统是与面向对象、人工智能、并行计算、网络等技术相结合的产物。数据库系统能够使数据结构化、合理化，极大地推动了计算机的普及，为计算机的应用领域做出了巨大贡献。

1.1 数据库技术的术语

在数据库技术中，经常会看到和听到一些术语，很有必要真正理解它们的含义。

1.1.1 数据、信息与知识

数据和信息是两个容易混淆的概念，两者相互联系又有所不同，通过实例可以较好理解两者的含义。

1. 数据

是对"客观事物"记录下来的，可以鉴别的"符号"。它并不只是数字，所有用来描述客观事实的语言、文字、图画和模型都可以是数据。

【例 1-1】 一个杂货店收集和存储了有关顾客购物的交易数据，包括如下的数据元素：货物名称、数量、价格、日期等，如表 1-1 所示。交易处理系统存储了大量的相关数据，为更高层次的理解奠定了基础。

表 1-1　　　　　　　　　　　企业物质流与信息流的关系

货物名称	数量	价格	日期	登记号	店员 ID	会员卡 ID
尿布	1	4.99	2014.3.1	001	213	1209

2. 信息

是以有意义的形式加以排列和处理的数据，信息是我们对数据的解释，或者说是数据的内在含义，信息与数据的关系如图 1-1 所示。

例如，不同货物名称、数量和价格就提供了被购货物的信息，包括货物种类、数量和价

图 1-1　信息与数据的关系

1

格等。通过计算每种货物的销售额，就可以进行货物销售额排序。

表 1-2　　　　　　　　　　数 据 积 聚 形 成 信 息

货物名称	数量	价格	销售总额
啤酒	265	6.85	1815.25
谷物	430	3.90	1677.00
面包	850	1.59	1351.50
牛奶	1100	1.20	1320.00
尿布	200	4.99	998.00

　　将不同的数据元素积聚形成信息是很有用的，同时将数据分离和重新组织将能够提升信息的价值，这就是进行信息分析的意义。例如，可以对杂货店中存储的信息按照特定的时间周期进行分析，可以得到有价值的分析结果。尿布和啤酒的销售受到时间周期的影响，而谷物、面包和牛奶则保持稳定的销售态势。

表 1-3　　　　　　　　　　对 信 息 的 分 析

货物名称	时期 1	时期 2	时期 3	时期 4	数量	价格	销售总额
啤酒	35	75	100	55	265	6.85	1815.25
谷物	110	110	100	110	430	3.90	1677.00
面包	200	215	235	200	850	1.59	1351.50
牛奶	200	300	300	300	1100	1.20	1320.00
尿布	10	20	50	120	200	4.99	998.00

3．知识

　　知识不同于数据、信息，它可以来源于数据、信息的任一层次，同时也可以从现有的知识中通过一定的逻辑推理得到。

　　商业智能应用具有数据挖掘能力，能够从数据中发现隐藏的趋势以及不寻常的模式。例如，通过对杂货店的数据进行数据挖掘，可以得到一条结论：买尿布的顾客通常有一半时候也买啤酒。啤酒和尿布看起来毫无关联，但是通过数据挖掘发现这种隐含的模式，这就是知识。

1.1.2　数据库、数据库管理系统和数据库系统

　　数据库、数据库管理系统和数据库系统是容易混淆的 3 个概念，它们既相互联系又有所区别。

1．数据库

　　通俗地说，数据库即是存放数据的仓库，但数据不是简单地堆放在一起，而是相互之间有联系地，并按某种存储模式组织管理。

　　数据库是以一定组织方式存储在一起的、能为多个用户共享的、与应用程序彼此独立的相关数据的集合。它有以下特点：

（1）数据的共享性。数据库中的数据能为多个用户共享。

（2）数据的独立性。用户的应用程序与数据的逻辑组织和物理存储方式无关。

（3）数据的完整性。数据库中的数据在操作和维护过程中可以保持正确无误。

（4）数据库中的数据冗余少。

例如，一个大学的学生信息可以建立一个数据库，教务、学生指导部等各个部门需要使用学生信息时，没有必要自己单独存储这些信息，只要根据自己的需要共享信息就可以。当这些数据的逻辑结构或物理结构发生变化时，各部门处理这些数据的应用程序可以不变，体现了数据库中数据的独立性。另外，对数据库中的数据进行操作不能随意进行，有一些规范约束，体现了数据的完整性。

2. 数据库管理系统（DBMS，DataBase Management System）

数据库管理系统（DBMS，DataBase Management System），是一个位于操作系统和用户之间的数据库管理软件，其作用是维护数据库，完成用户提出的访问或操作数据库的各种请求。

DBMS 主要有以下功能：

（1）数据库的定义和建立。数据库管理系统提供数据定义语言（DDL，Data Definition Language），并提供相应的建库机制。用户既可以使用 DBMS 提供的向导建立数据库，也可以使用 DDL 描述建立数据库的结构，数据库管理系统会根据描述执行相应的建库功能。

（2）数据库的操纵。数据库的操纵是指对数据进行插入、修改、删除、查询、统计等功能，这是数据库的基本操作功能。数据库管理系统提供了数据操纵语言（DML，Data Manipulation Language）实现操作功能。

DML 有以下两种形式：

1）宿主型 DML。宿主型 DML 是指只能嵌入到高级语言中使用，被嵌入的计算机语言称为主语言。常用的主语言有 C 语言、FORTRAN、.NET 等。

2）自主型 DML。是指既可以嵌入到主语言中，又可以单独使用。自主型 DML 可以作为交互式命令与用户对话，执行独立的单条语句功能，也可以用编程完成数据存储和其他功能。

（3）数据库的运行控制。数据库的运行控制包括完整性、安全性和并发控制。

1）完整性控制：完整性包括数据的正确性、有效性和合理性。DBMS 提供有效措施，以保证数据在约束范围内，由 DBMS 而不是用户程序自动检查数据的完整性。

2）安全性控制：安全性主要指保密方式、保密级别和访问权限。不是任何人都可以访问数据库中的所有数据，也不是任何人都可以存取数据。安全性控制的措施主要有密码和给用户授予权限。在 DBMS 管理下，只有合法用户才能访问数据库，才能访问他有权访问的数据库，才能进行他有权进行的操作。

3）并发控制：由 DBMS 提供并发控制手段，使得多个用户可以有秩序地同时对数据库进行操作，而不会破坏数据库。

我们较熟悉的 Access、DB2、Oracle、SQL Server 都是数据库管理系统。

3. 数据库系统（DBS，DataBase System）

数据库系统并不单指数据库和数据库管理系统本身，而是计算机引进数据库后的整个系统。数据库系统的基本结构如图 1-2 所示。

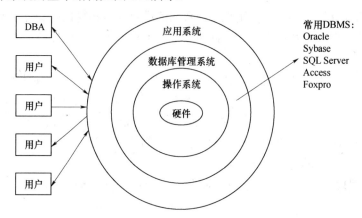

图 1-2　数据库系统的基本结构

数据库系统通常由以下部分组成：

（1）硬件。由 CPU、运算器、内外存储器、输入和输出设备组成的计算机系统。

（2）软件。包括操作系统、DBMS、主语言、应用开发工具（如 Visual Studio）、应用系统（软件开发人员根据需要编写的应用程序）和数据库（DB）。

（3）数据库管理员（DBA，DataBase Administrator）。数据库管理员的职责为：

- 参与数据库和应用程序的设计。
- 参与数据库的存储结构和存取策略的设计。
- 负责定义数据的安全性和完整性。
- 负责监视和控制数据库系统的运行及系统的维护和数据恢复工作。
- 负责数据库的改进和重组。

（4）用户（User）：使用数据库应用系统的人员。

  📖 DBA 是工作在 DBMS 之上，用户则是应用系统的使用者。

1.2　数据库处理技术的发展过程

人类活动的整个历史，都离不开对数据的收集、处理、保存和利用。最初人类只能用语言、图画和火光传递信息，通过用绳子打结和在树上刻画记录数据。自从发明了文字、纸张和印刷术后，就以纸张为介质，通过登记账目收集和保存数据。电子技术出现以后，人们以磁性介质收集和保存数据，数据的加工和利用进入更高级的阶段。

随着计算机的发展，数据处理技术得到很大提高，主要经历了人工管理阶段、文件系统阶段和数据库系统阶段。

1.2.1　人工管理阶段

20 世纪 50 年代以前，计算机主要用于数值计算，充当了计算器的角色。外存储器也只有纸带、磁带和卡片，当时也没有操作系统。这一时期的数据管理具有以下特点：

- 计算机主要用于科学计算，不需要长期保存数据用于查询。所以在使用时输入数据，用完就撤走，浪费时间。
- 由于没有软件对数据进行管理，数据不具有独立性，依赖于程序。程序员需要在程序中定义数据的存储结构和输入输出，所以数据的改变必然导致程序的改变。
- 无文件的概念。
- 一组数据对应一个程序，即程序是面向应用的。所以会产生很多冗余数据，浪费存储空间。

这一阶段数据与程序的关系如图1-3所示。

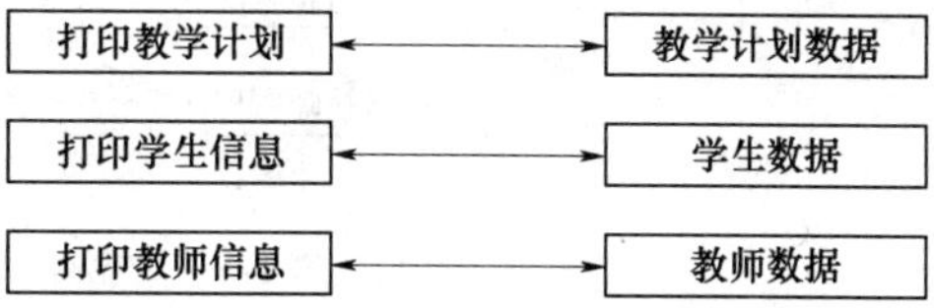

1.2.2 文件系统阶段

从20世纪50年代后期到60年代中期，计算机大量用于管理领域，这时外存储器有了磁鼓、磁盘等可以直接存取的存储设备，在系统软件方面也出现了包含文件系统的操作系统。文件系统是专门管理数据的软件，用它进行数据管理，具有以下特点：

图1-3 人工管理阶段数据与程序的关系

- 计算机被大量用于数据处理，数据以文件方式长期保存，可以反复对文件进行查询、增删改操作。
- 有专用软件进行管理，程序与数据具有了一定的独立性。程序不必过多考虑物理布置的细节，数据存储的改变不一定会反映到程序上，从而减少了数据改变从而修改程序的繁琐性。
- 除了顺序文件，有了能直接存取的索引文件、链接文件和直接存取文件。

这一阶段的数据管理相对于第一阶段有很大改进，但仍存在很多缺点：

- 数据冗余浪费存储空间，更严重带来潜在的不一致性。
- 文件由程序员各自建立，应用程序与数据仍然过分依赖。
- 缺乏对数据的统一控制能力。

文件系统中数据与程序的关系如图1-4所示。

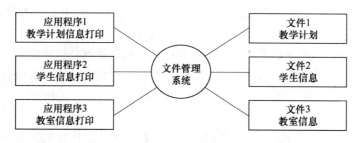

图1-4 文件系统阶段数据与程序的关系

1.2.3 数据库系统阶段

20世纪60年代后期以来，由于计算机大量应用于数据处理、情报检索、计算机辅助

5

设计等领域，所处理的数据越来越复杂，且大部分为非数值数据，原来的数据处理方法已经不能满足要求，需要一个高度组织的数据管理系统。另外，计算机硬件、软件的迅速发展，网络技术的出现和信息系统的逐渐形成，使得多个用户共享一个数据集合成为可能。数据库系统就是在这样的背景下产生和发展起来的。

数据库系统阶段程序与数据的关系如图 1-5 所示。

图 1-5　数据库系统阶段程序与数据的关系

数据库系统的主要特点是：

- 具有合理的冗余度。
- 具有共享性。应用程序所需要的那部分数据，是由 DBMS 按照用户希望的逻辑结构从数据库中抽取出来的，提供给用户使用。
- 具有较高的数据独立性。数据与程序彼此独立，数据的变动不会影响程序，反之数据也不会受到程序的影响。
- 有统一的管理与控制。为用户提供检索、更新和并发使用数据库的手段，并保证数据的完整性、安全性，并能对数据库进行备份和还原，这些工作都是由 DBMS 来完成的。

1.2.4　数据库技术发展的新趋势

数据库技术的最初应用领域是信息管理领域，如用于政府部门、图书情报、教育科研等行业。事实上，只要有大量数据的工作，都需要用到数据库，目前数据库应用比较广泛的领域有：

（1）Web 数据库。Web 数据库是用于 Internet 上的数据库。最初 Internet 只能提供静态信息，为了从 Internet 上得到动态的、实时的信息，就需要将数据库技术引入到 Internet，从而有了 Web 数据库。

数据分为两类：结构化数据和非结构化数据。结构化数据是指能够用统一的符号加以表示，如数字，关系型数据库管理系统处理的即是结构化数据。另一类信息无法用数字或统一的符号表示，如文本、图像、声音、网页等，我们称之为非结构化数据。Web 数据库就能处理非结构化的数据。

（2）工程数据库。工程数据库主要用于管理工程数据，如计算机辅助设计（CAD）和计算机辅助制造（CAM）过程中使用的数据，以及设计的图纸、工艺流程等数据的存储和管理。

（3）辅助决策支持。模型库、方法库和数据仓库技术都是用于辅助决策支持的。

（4）人工智能领域的知识库。人工智能是从 20 世纪 60 年代开始发展起来的，研究智能机器的高科技学科。它需要大量的演绎和推理规则的支持，这无疑又为数据库提供了用武之地。通过将人的知识抽象化、条理化，利用数据库技术建立知识库，从而使数据库智能化。

事实上，数据库技术仍处于不断发展和完善中，将会有更广阔的发展前景。

1.3　数据库和数据库系统的体系结构

可以从不同的层次和不同的角度来分析数据库系统的体系结构。从 DBMS 的角度，数据库系统采用三级模式结构，这是数据库系统内部的结构，通常称为数据库的体系结构。从数据库最终用户角度看，数据库系统的结构可以分为单机结构、集中式结构、分布式结构、C/S 结构和 B/S 结构等。这是数据库系统外部的体系结构，通常称为数据库系统的体系结构。

1.3.1　数据库的体系结构

为了有效地组织、管理数据，提高数据库的逻辑独立性和物理独立性，人们为数据库设计了一个严谨的体系结构，即三层模式体系结构，将用户应用与物理数据库分离。通过3 个层次模式对数据库的不同描述，使不同用户能够在他们想要的层次上感知数据的细节。

1.3.1.1　三级模式结构

数据库的三级模式结构包括模式、外模式和内模式，如图 1-6 所示。

1．模式与概念数据库

模式又称概念模式或逻辑模式，对应于概念级。它是由数据库设计者综合所有用户的数据，按照统一的观点构造的全局逻辑结构，是对数据库中全部数据的逻辑结构和特征的总体描述，是所有用户的公共数据视图（全局视图）。它是用数据库管理系统提供的数据模式描述语言（DDL，Data Description Language）来描述、定义的，体现、反映了数据库系统的整体观。

一个数据库系统只能有一个逻辑模式，逻辑模式不涉及硬件环境和物理存储细节，也不与任何计算机语言有关。

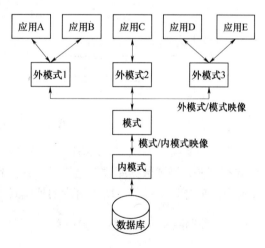

图 1-6　数据库系统的体系结构

2．外模式与用户数据库

外模式又称子模式，对应于用户级。它是某个或某几个用户所看到的数据库的数据视图，是与某一应用有关的数据的逻辑表示。外模式是从模式导出的一个子集，包含模式中允许特定用户使用的那部分数据。

使用外模式的优点如下：

- 使用子模式，用户不必考虑与自己无关的数据，也无需了解数据的存储结构，使用户使用数据的工作和程序设计的工作得以简化。
- 用户通过子模式只对自己需要的数据进行操作，数据库的其他数据与用户是隔离的，从而有利于数据的安全和保密。
- 多个用户使用的子模式是从同一模式派生出来的，实现了数据的共享性和独立性。

3．内模式与物理数据库

内模式又称存储模式，对应于物理级，它是数据库中全体数据的内部表示或底层描述，是数据库最低一级的逻辑描述，它描述了数据在存储介质上的存储方式和物理结构，对应着实际存储在外存储介质上的数据库。内模式由内模式描述语言来描述、定义，它是数据库的存储观。

数据库三级模式的例子如图 1-7 所示。

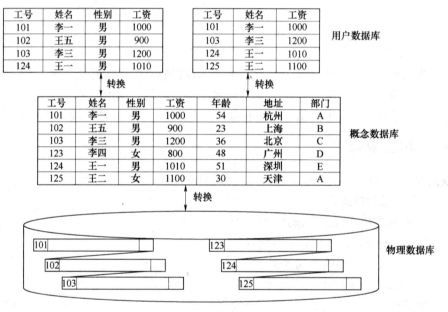

图 1-7　数据库的三级模式

在一个数据库系统中，只有唯一的数据库，因而作为定义、描述数据库存储结构的内模式和定义、描述数据库逻辑结构的模式，也是唯一的，但建立在数据库系统之上的应用则是非常广泛、多样的，所以对应的外模式不是唯一的，也不可能是唯一的。

1.3.1.2　数据库系统的二级映像技术

数据库体系结构的三级模式结构在数据的 3 个抽象层次上提供了两个映像，即模式—外模式的映像、内模式—模式的映像。

1．模式—外模式的映像

用户应用程序根据外模式进行数据操作，通过外模式—模式映像，定义和建立某个外模式与模式间的对应关系，将外模式与模式联系起来，当模式发生改变时，只要改变其映像，就可以使外模式保持不变，对应的应用程序也可保持不变。

2. 内模式—模式的映像

通过内模式—模式映像，定义建立数据的逻辑结构（模式）与存储结构（内模式）间的对应关系，当数据的存储结构发生变化时，只需改变模式—内模式映像，就能保持模式不变，因此应用程序也可以保持不变。

1.3.2 数据库系统的体系结构

一个数据库应用系统通常包括数据存储层、应用层与用户界面层 3 个层次。数据存储层一般由 DBMS 承担对数据库的各种维护操作；应用层是使用某种程序设计语言实现用户要求的各项工作的程序；用户界面层是提供给用户的可视化图形操作界面，便于用户和数据库系统之间的交互。

从最终用户角度看，数据库系统可分为单机结构、主从式结构、分布式结构、客户机—服务器结构和浏览器—服务器结构。

1. 单机结构

单机结构的数据库系统是一种比较简单的数据库系统，如图 1-8 所示。

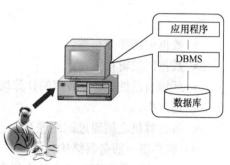

在单机系统中，整个数据库系统包括的应用程序、DBMS 和数据库都装在一台计算机上，由一个用户独占，不同机器之间不能共享数据，这种数据库系统也称为桌面系统。在这种桌面型 DBMS 中，数据存储层、应用层和用户界面层的所有功能都存储在单机上，适合于未联网用户，若用于企事业单位中，容易造成大量的数据冗余。

图 1-8 单机结构

目前比较流行的桌面型数据库管理系统有 Visual Foxpro 和 Access。

2. 主从式结构

主从式结构是指一个大型主机带若干终端的多用户结构，如图 1-9 所示。

在这种结构中，数据库系统包括的应用程序、DBMS 和数据库都集中存放在主机上，

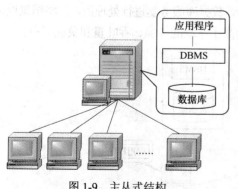

图 1-9 主从式结构

所有处理任务都由主机完成，各个终端用户可以并发地共享数据源。在这种主从式结构的 DBMS 中，数据存储层和应用层都放在主机上，而用户界面层放在各个终端上。当终端用户数目增加到一定程度，主机的任务将十分繁重，主机一旦出现故障，整个系统都会完全瘫痪。

3. 分布式结构

分布式结构的数据库是地理上（或物理上）分散而逻辑上集中的数据库系统，如图 1-10 所示。

分布式数据库系统通常由计算机网络连接起来，被连接的逻辑单位称为节点。所谓地理上分散指各个节点在不同的地方，所谓逻辑上统一是指网络连接的各节点共同组成单一的数据库。

分布式数据库系统的特点如下:

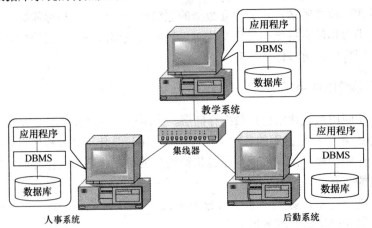

图 1-10 分布式结构

- 数据的物理分布性。
- 数据的逻辑相关性。
- 区域自治性。每个节点的计算机都有自己的 DBMS,每个节点的 DBMS 都可以自治地工作。
- 各计算机之间通过网络联系。

4. 客户机—服务器结构

主从式结构数据库系统中的主机和分布式数据库中的每个节点机是一个通用计算机,既执行 DBMS 功能又执行应用程序。随着工作站功能的增加和广泛应用,人们开始把 DBMS 功能和应用分开,网络中专门用于执行 DBMS 功能的计算机,称为数据库服务器,简称服务器(Server);其他安装 DBMS 外围开发工具,且支持应用的计算机,称为客户机(Client),即客户机—服务器(C/S,Client/Server)结构,这是当前非常流行的数据库系统结构。客户机—服务器结构如图 1-11 所示。

在 C/S 结构中,数据存储层处于服务器上,应用层和用户界面层处于客户机上。在这种体系结构中,客户端的用户请求被传输到数据库服务器,数据库服务器进行处理后,只将结果返回给用户,从而大大减少了网络上的数据传输量,提高了系统的性能、吞吐量和负载能力。

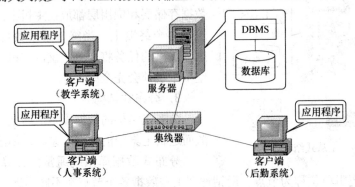

图 1-11 客户机—服务器结构

5．浏览器—服务器结构

浏览器—服务器（B/S，Browser/Server）结构是随着计算机网络技术，特别是 Internet 技术的发展与应用产生的一种数据库系统结构。浏览器—服务器结构如图 1-12 所示。

基于 C/S 结构的数据库应用系统把许多应用的逻辑处理功能分散在客户端上完成，这样对客户端提出了较高的要求。客户端必须拥有足够的能力运行其应用程序与用户界面软件，必须针对每种要连接的数据库安装客户端软件，这样就造成客户端臃肿的局面。当客户端上的应用程序修改，必须在所有安装该应用程序的客户机上重新安装此应用程序，因此维护很困难。

在 B/S 体系结构系统中，用户通过浏览器向分布在网络上的许多服务器发出请求，服务器对浏览器的请求

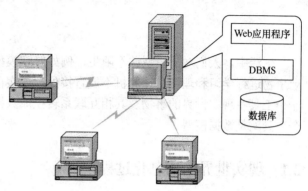

图 1-12　浏览器—服务器结构

进行处理，将用户所需信息返回到浏览器。而其余如数据请求、加工、结果返回以及动态网页生成、对数据库的访问和应用程序的执行等工作全部由 Web Server 完成。随着 Windows 将浏览器技术植入操作系统内部，这种结构已成为当今应用软件的首选体系结构。显然 B/S 结构应用程序相对于传统的 C/S 结构应用程序是一个非常大的进步。

1.4　思考与练习

1．简答题

（1）什么是数据库、数据库管理系统和数据库系统？

（2）数据库处理技术的发展经历了哪几个阶段？

（3）简述数据库体系结构的三级模式和二级映像。

（4）和 C/S 结构相比，B/S 结构的优势有哪些？

第2章 数据模型

生活中，人们对于模型并不陌生，例如航空模型、航海模型等，它可以帮助人们对客观事物进行学习和理解。计算机不能直接处理现实世界中的具体事物，所以必须要借助于一个工具将现实世界的事物及其相互联系转换成数据库系统中计算机能够处理的数据，这个工具就是数据模型。

2.1 现实世界的信息化过程

现实世界由实际存在的事物组成，每种事物有无穷的特性，事物之间存在着错综复杂的联系。计算机系统不能直接处理现实世界中的客观事物，只有被数据化后，计算机才能处理。数据从现实世界进入到数据库一般要经历现实世界、信息世界和数据世界三个阶段。这三个阶段的关系如图2-1所示。

（1）现实世界。现实世界反映的是客观存在的各种事物、事物之间的相互联系以及事物的发生、发展和变化过程。

（2）信息世界。信息世界是现实世界在人们头脑的反映。客观世界经过抽象后，在信息世界中用信息模型（也称为概念模型）来表示，在概念模型中表现为实体、属性和事物之间的联系。从现实世界抽象为概念模型，这个工作由数据库设计人员来完成。

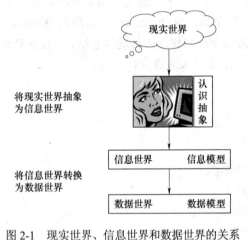

图2-1 现实世界、信息世界和数据世界的关系

（3）数据世界。数据世界是指信息世界中的信息数据化。它通过抽象模拟，用记录和数据项来描述信息世界中的实体及属性，实体模型数据化后即为数据模型。从概念模型到逻辑模型由数据库设计人员完成，从逻辑模型转换为物理模型的工作由选定的 DBMS 来完成。

2.2 概念模型

概念模型是独立于计算机系统的信息模型，并不涉及信息在计算机中的表示，只用来描述某个特定组织所关心的信息结构，是对现实世界的第一层抽象。概念模型是按用户的观点对数据建模，强调其语义表达能力，是用户和 DB 设计人员之间进行交流的语言和工具。

概念模型的用途：

- 概念模型用于信息世界的建模。
- 是现实世界到机器世界的一个中间层次。
- 是数据库设计的有力工具。
- 是数据库设计人员和用户之间交流的语言。

概念模型的基本要求：

- 应具有较强的语义表达能力。
- 能够方便、直接地表达应用中的各种语义知识。
- 简单、清晰、易于用户理解。

2.2.1 概念模型相关概念

概念模型又称为信息模型，它是按用户的观点来对信息和数据建模，主要用于数据库设计。

1. 实体（Entity）

客观存在并可以相互区分的客观事物或抽象事件称为实体。例如可以触及的客观对象仓库、器件、职工等是实体，客观存在的抽象事件订货、演出、足球赛等也是实体。

2. 实体集

具有相同特征的一类实体的集合称为实体集，例如学生实体集、教师实体集、教室实体集和课程实体集。

3. 属性（Attribute）

每个实体都有一组特征和属性，称为实体的属性，如图 2-2 所示。

如图 2-2 所示，人实体具有身高、年龄、性别、体重等属性，足球赛实体具有比赛时间、地点、参赛队等属性。与属性有关的概念是属性名和属性值。

身高
年龄
性别
体重
......

比赛时间、地点、参赛队……

图 2-2　实体的属性

4. 码（Key）

用于区分实体的实体特征称为标识特征，也称为码。例如，学号是学生实体的码。

5. 域（Domain）

一个属性的取值范围即为该属性的域，例如性别的域是 {男，女}，百分制分数的域是 {X | 0≤X≤100}，但并不是每个属性都有域。

6. 联系

现实世界中的事物是有联系的，联系主要表现为两种：实体与实体之间的联系和实体集内部的联系。

实体与实体之间的联系具有以下三种类型：

（1）一对一联系，简记为 1:1，例如班级和班长之间就是一对一联系。

（2）一对多联系，简记为 1:N，例如部门和职工之间是一对多联系。

13

（3）多对多联系，简记为 M:N，例如学生和课程之间是多对多联系。

实体集内部的联系也分为以下三种：

（1）实体集内部的 1:1 联系，如图 2-3 所示。

（2）实体集内部的 1:N 联系，如图 2-4 所示。

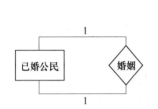

图 2-3　实体集内部的 1:1 联系

图 2-4　实体集内部的 1:N 联系

（3）实体集内部的 M:N 联系，如图 2-5 所示。

还有较特殊的多个实体之间的联系，如图 2-6 所示。

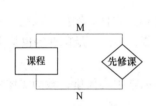

图 2-5　实体集内部的 M:N 联系

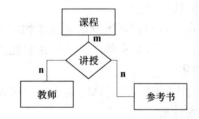

图 2-6　多个实体之间的联系

2.2.2　概念模型的表示方法——E-R 图

用于表示概念模型最著名且使用最广泛的是 P.P.Chen 于 1976 年提出的实体—联系方法（E-R 图法，Entity-Relationship Approch）。E-R 图法提供了表示实体、属性和联系的方法。在 E-R 图中，用长方形表示实体，用椭圆表示属性，用菱形表示联系。在相应的框内要写上实体名、属性名或联系名。实体与属性之间用直线相连，联系与相应的实体之间也用直线相连，并在直线边上注明联系的类型（1:1，1:N，M:N）。

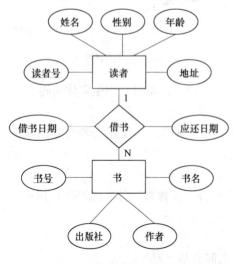

图 2-7　读者借书的 E-R 图

例：在图书管理系统中，读者可以借书。读者包含读者号、姓名、性别、年龄、地址等属性，书包含书名、书号、作者和出版社等属性。每个读者可以借多本书，每本书只能被一个读者借走。借书记录会显示书的借出日期和应还日期。该实例的 E-R 图如图 2-7 所示。

📖　应注意区分借书日期和应还日期应作为实体书的属性还是作为联系借书的属性。

2.3　数据模型

数据模型主要包括层次模型、网状模型和关系模型，它是按计算机系统的观点对数据建模，主要用于 DBMS 的实现。

2.3.1　层次模型

层次模型是数据库系统中最早出现的数据模型，典型代表是 IBM 公司的 IMS（Information Management System）数据库管理系统。层次模型用树形结构表示各类实体以及实体间的联系。

满足下列两个条件的基本层次联系的集合为层次模型：

* 有且只有一个结点没有双亲结点，这个结点称为根结点。
* 根以外的其他结点有且只有一个双亲结点。

层次模型的示例如图 2-8 所示。

1．层次模型的特点

层次模型的特点为：

* 结点的双亲是唯一的。
* 只能直接处理一对多的实体联系。
* 每个记录类型可以定义一个排序字段，也称为码字段。
* 任何记录值只有按路径查看时，才能显示它的全部意义。
* 没有一个子女记录值能够脱离双亲记录值单独存在。

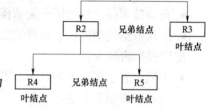

图 2-8　一个层次模型的示例

2．层次模型的实例

大学中教员、系、教研室和学生之间的层次模型如图 2-9 所示。

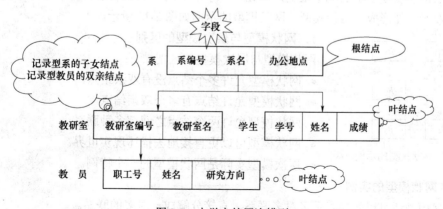

图 2-9　大学中的层次模型

15

大学层次数据库中的一个值如图 2-10 所示。

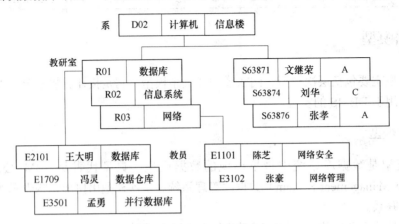

图 2-10 大学层次数据库中的一个值

3．层次模型的优缺点

层次模型的优点为：

- 层次模型的数据结构比较简单清晰。
- 查询效率高，性能优于关系模型，不低于网状模型。
- 层次数据模型提供了良好的完整性支持。

层次模型的缺点为：

- 不适合表示多对多的联系。若表示只能采取分解的方法，常用的分解方法有冗余节点法和虚拟节点法。
- 对插入和删除操作的限制多，应用程序的编写比较复杂。
- 查询子女结点必须通过双亲结点，效率较低。
- 由于结构严密，层次命令趋于程序化。

2.3.2 网状模型

若取消层次模型中的两个限制，即允许一个以上的结点无双亲和一个结点可以有多于一个的双亲，便形成了网状模型，网状模型的示例如图 2-11 所示。

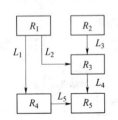

图 2-11 网状模型的示例

1．网状模型与层次模型的区别

网状模型与层次模型的区别如下：

- 网状模型允许多个结点没有双亲结点。
- 网状模型允许结点有多个双亲结点。
- 网状模型允许两个结点之间有多种联系。
- 网状模型可以更直接地去描述现实世界。
- 层次模型实际是网状模型的一个特例。

2．网状模型的实例

网状模型还可以间接表示多对多联系，直接分解成一对一的联系。

例如，一个学生可以选修若干门课程，某一课程可以被多个学生选修，学生和课程之间是多对多联系。引进一个学生选课的联结记录，由 3 个数据项组成：学号、课程号、成绩，表示某个学生选修某一门课程及其成绩。该实例网状模型如图 2-12 所示。

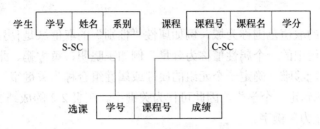

图 2-12　学生-选课-课程的网状数据模型

3．网状模型的优缺点

网状模型的优点为：

- 能够更为直接地描述现实世界，如一个结点可以有多个双亲。
- 具有良好的性能，存取效率较高。

网状模型的缺点为：

- 结构比较复杂，而且随着应用环境的扩大，数据库的结构就变得越来越复杂，不利于最终用户掌握。
- DDL、DML 语言复杂，用户不容易使用。

2.3.3　关系模型

关系模型是目前使用最广泛的数据模型，基本上占据了应用市场的统治地位。关系数据库系统采用了关系模型作为数据的组织方式，现在流行的数据库系统，例如 Oracle、Sybase、Informix、Foxpro、SQL Server 和 Access 都是关系数据库系统。数据库系统的关系模型是由美国 IBM 公司的 San Jose 研究室的研究员 E.F.Codd 于 1970 年首次提出的。

1．关系模型的常用术语

在用户观点下，关系模型中数据的逻辑结构是一张二维表，它由行和列组成。如表 2-1 所示。

表 2-1　　　　　　　　　　　　学 生 登 记 表

学号	姓名	年龄	性别	所在系
95004	王晓明	19	女	信息管理
95006	黄大鹏	20	男	计算机
95008	张文斌	18	女	工商管理
……	……	……	……	……

（1）关系。一个关系对应一张二维表，所以关系型数据库又称为表型，表的名称（学生登记表）即为关系的名称。

（2）元组。元组也称为记录，表中的一行称为一个元组。例如表 2-1，第二行是关于王晓明的一个元组。

（3）属性。属性也称为字段，是指表中的一列。一个表中往往有多个属性，为了区分，要给每个属性起一个唯一的名称。例如表 2-1 中的学号、姓名、年龄、性别、所在系都是属性名称。

（4）域。属性的取值范围称为域。例如属性"性别"的取值域是{男，女}。

（5）分量。元组中的一个属性值称为分量。例如王晓明、黄大鹏、张文斌。

（6）关键字。能够唯一确定一个元组的属性或属性组合称为关键字。例如表 2-1 中的"学号"可以唯一地确定一个学生，因此可作为关键字。在表 2-2 的成绩表中，需要"学号+课号"组合共同作为关键字。

表 2-2	成 绩 表	
学号	课号	成绩
95004	001	60
95008	002	75
……	……	……

（7）关系模式。关系模式也称为关系表达式，是对关系的描述。关系模式的结构为：

关系名（属性 1，属性 2，……，属性 n）

例如学生信息的关系模式可描述为：

学生信息表（学号，姓名，性别，年龄，所在系）

（8）表间关系。不同表间可能存在联系，如图 2-13 所示。授课关系和课程关系通过课程号联系起来，由于课程号是课程关系的关键字，所以课程关系称为参照表，课程号是课程关系的主键；授课关系称为相关表，课程号是授课关系的外键。同样道理，授课关系通过教师号和教师关系建立起关联，教师关系称为参照表，教师号是主键；授课关系称为相关表，教师号是外键。

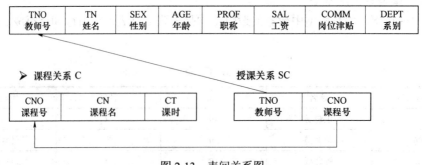

图 2-13　表间关系图

2．关系模型的优缺点

关系模型的优点为：

- 数据结构简单，概念清楚，符合习惯。
- 能反映实体之间的 3 种联系。
- 格式单一，一律为表格框架，通过公共属性可建立关系之间的联系。

- 存取路径对用户隐蔽。
- 具有严格的理论基础。

关系模型的缺点为:

关系模型中的数据联系是靠数据冗余实现的,关系模型中不可能完全消除冗余。由于数据冗余,使得关系的空间效率和时间效率较低。但计算机硬件技术的飞速发展,弥补了关系模型这方面的不足,因而关系模型从出现开始,始终保持其主流数据库的位置。

2.3.4 关系模型的完整性约束

关系的完整性约束条件包括实体完整性、参照完整性和用户自定义完整性。

1. 实体完整性

实体完整性是指关系中元组的关键字不能为空且取值唯一。例如表 2-1 中的学生登记表,学号不能为空且不能重复。如果关键字是字段组合的情况,例如表 2-2 中的关系,则实体完整性要求学号和课号都不能为空,且二者组合不能重复。

2. 参照完整性

参照完整性是指表间关系而言,相关表中的外键值或者为空,或者等于参照表中某个关键字的值。如图 2-14 所示的表间关系,是否符合参照完整性?

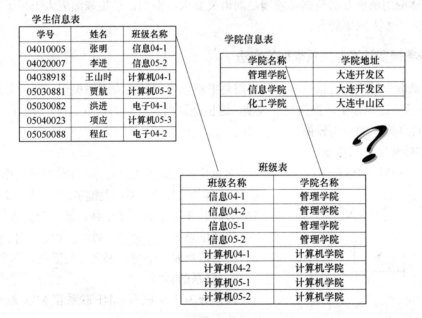

图 2-14 参照完整性示例

在图 2-14 中,有 3 个关系:学生信息表、班级表和学院信息表。显然,学生信息表和班级表通过班级名称关联,班级表是学生信息表的参照表,班级名称是学生信息表的外键。班级表和学院信息表通过学院名称关联,学院信息表是班级信息表的参照表,学院名称是班级表的外键。这个示例显然违反了参照完整性。因为外键"班级名称"的值"电子 04-1,计算机 05-3,电子 04-2"在参照表班级表中并不存在。外键"学院名称"的值"计算机学院"在参照表"学院信息表"中也不存在。

当对关系中的记录进行操作时，如果违反了参照完整性，DBMS 会禁止操作，可以在 DBMS 中通过适当的设置，由 DBMS 保证参照完整性。

在删除参照关系中的记录时，可以采取以下措施：

（1）受限删除。禁止删除，即如果删除参照关系中的元组会破坏参照完整性规则，则不允许删除。例如：删除学院信息表中的"管理学院"，将破坏完整性规则，不允许删除。

（2）级联删除。如果要删除参照关系中的元组，则同时将依赖该关系的表中对应的元组都全部删除。例如：删除学院信息表中的"管理学院"，则同时将班级表中对应的四个元组都删除，而删除了班级表中的四个元组后，应同时删除学生信息表中与这四个元组相对应的两个元组。

（3）置空值删除。在删除参照关系中的元组时，同时将依赖该关系的表中的外键置为空值。

对于修改参照关系中记录的关键字时，也可以采取受限修改、级联修改和置空值修改的方法来保证参照完整性。

3．用户自定义完整性

用户自定义完整性规则是针对某一具体数据的约束条件，由具体应用来决定的。它反映某一具体应用所涉及的数据必须满足的语义要求。例如，学生成绩应大于等于零，教师教龄不能大于本人的年龄等。

2.3.5 概念模型转换为关系模型的方法

从信息世界转换为数据世界，首先需要把概念模型转换为逻辑模型（即用关系模式来表达），然后从逻辑模型转换为物理模型，这也是数据库设计的重点工作。转换的方法包括实体、属性和联系的分别转换。

1．实体和属性的转换

首先需要转换实体和属性，把实体的名称作为关系模式的名称，实体的属性作为关系的属性，实体的码作为关系的关键字，例如图 2-7 所示的读者借书的 E-R 图中有两个实体，转换为关系模式为：

读者信息表（<u>读者号</u>，姓名，性别，年龄，地址）

图书信息表（<u>书号</u>，书名，出版社，作者）

2．联系的转换

联系分为 1:N 联系、1:1 联系和 M:N 联系，转换方式各不相同。

（1）1:N 联系的转换方式。1:N 联系转换方式是把"1"端实体的主属性作为普通属性放在多端实体的关系表达式中，如图 2-15 所示。

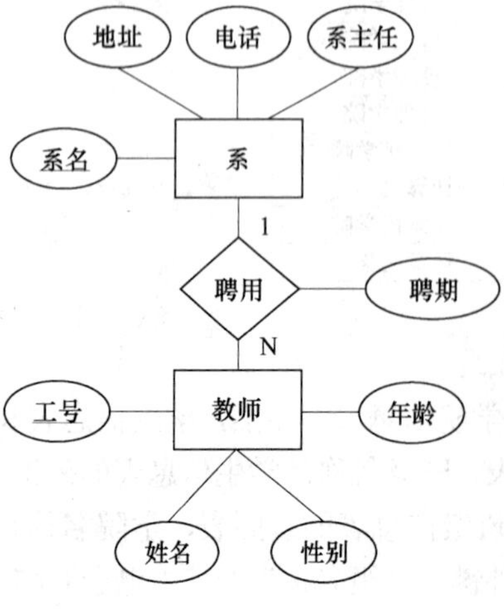

图 2-15 所示的 E-R 图，系实体和教师实体之间是 1:N 联系，转换为关系模型时，先转换这两个实体和属性，即：

图 2-15 1:N 联系示例

系信息表（<u>系名</u>，地址，电话，系主任）

教师信息表（<u>工号</u>，姓名，性别，年龄）

然后需要表达两个实体之间 1:N 的联系，根据 1:N 联系的转换规则，需要把"1"端实体—系的主属性（系名）作为普通属性放在"N"端实体—教师的关系表达式中，联系的属性"聘期"也需要同时加入到教师的关系表达式中。

教师信息表（<u>工号</u>，姓名，性别，年龄，所在系，聘期）

（2）1:1 联系的转换方式。1:1 联系是 1:N 的特例，所以转换成关系模型的方法与 1:N 相同。例如图 2-16 是 1:1 的联系。

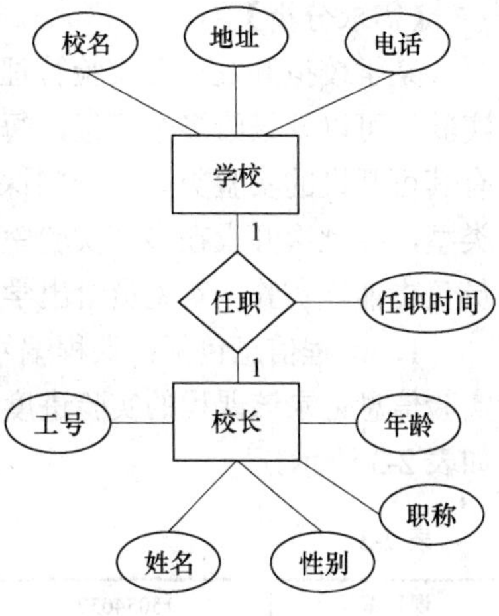

由 E-R 图转换成的关系模式如下所示：

学校信息表（<u>校名</u>，地址，电话）

校长信息表（<u>工号</u>，姓名，性别，年龄，职称，校名，任职时间）

或者采取下列转换方式：

学校信息表（<u>校名</u>，地址，电话，校长，任职时间）

校长信息表（<u>工号</u>，姓名，性别，年龄，职称）

图 2-16　1:1 联系示例

（3）M:N 联系的转换方式。M:N 联系的转换方式是构造一个新的关系，两端实体的主属性共同作为新关系的关键字，如图 2-17 所示。

图 2-17 所示示例中，实体读者和实体书之间是多对多的联系，首先转换实体读者和书以及它们的属性，如下所示：

读者信息表（<u>读者号</u>，姓名，性别，年龄，地址）

书信息表（<u>书号</u>，书名，出版社，作者）

然后需要新建一个关系表达两者之间多对多的联系，把两端实体的主属性"读者号"和"书号"共同作为新关系的关键字，联系的属性"借书日期"和"应还日期"也需要添加到新建关系中，如下所示：

借书表（<u>读者号</u>，<u>书号</u>，借书日期，应还日期）

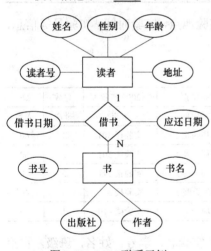

图 2-17　M:N 联系示例

2.4　思考与练习

1. 简答题

（1）简述现实世界的信息化过程。

（2）解释概念模型中用到的术语：实体、属性、联系、域、实体集和码。

（3）请举例现实世界中存在的两个实体之间 1:1、1:N 和 M:N 关系的实例各一例。

2．设计题

【需求分析】

某学校拟开发一套实验管理系统，对各课程的实验安排进行管理。一门课程（含多个实验）可以开设给多个班级，每个班级每学期可以开设多门含实验的课程。每个实验室都有其可开设的实验类型。一门课程的一种实验可以根据人数、实验室的可容纳人数和实验类型，分批次开设在多个实验室的不同时间段。一个实验室的一次实验可以分配多个实验员负责辅导实验，实验员给出学生的每次实验成绩。

1．课程信息包括：课程编号、课程名称、实验学时、授课学期和开课的班级等信息；实验信息记录该课程的实验进度信息，包括：实验名、实验类型、学时、安排周次等信息，如表 2-3 所示。

表 2-3　　　　　　　　　　　课 程 及 实 验 信 息

课程编号	15054037		课程名称	数字电视原理	实验学时	12
班级	电 1001，计 1001		授课院系	电子与自动化	授课学期	第三学期
序号	实验名		实验类型	难度	学时	安排周次
1505403701	音视频 AD-DA 实验		验证性	1	2	3
1505403702	音频编码实验		验证性	2	2	5
1505403703	视频编码实验		演示性	0.5	1	9
……	……		……	……	……	……

2．以课程为单位制定实验安排计划信息，包括：实验地点，实验时间，实验员等信息，实验计划如表 2-4 所示。

表 2-4　　　　　　　　　　　实 验 安 排 计 划

课程编号	15054037	课名	数字电视原理	安排学期	2009 年秋	总数	220
实验编号	实验名		实验员	实验时间	地点	批次	人数
1505403701	音视频 AD-DA 实验		盛元，陈亮	3 周周四晚上	实验楼 301	1	60
1505403701	音视频 AD-DA 实验		盛元，陈亮	3 周周四晚上	实验楼 301	2	60
1505403701	音视频 AD-DA 实验		吴梅，刘欣	3 周周五晚上	实验楼 311	3	60
1505403701	音视频 AD-DA 实验		吴梅	3 周周五晚上	实验楼 311	4	40
1505403702	音频编码实验		盛元，刘欣	5 周周一下午	实验楼 410	1	70

3．由实验员给出每个学生每次实验的成绩，包括：实验名，学号，姓名，班级，实验成绩等信息。实验成绩如表 2-5 所示。

表 2-5　　　　　　　　　　　实 验 成 绩

实验员：盛元			
实验名	音视频 AD-DA 实验	课程名	数字电视原理
学号	姓名	班级	实验成绩
1000001	陈民	电 1001	87
1000002	刘志	电 1001	78
1001101	张勤	计 1001	86

【概念模型设计】

根据需求阶段收集的信息，设计的实体联系图（不完整）如图 2-18 所示，补充其中的联系名称和联系的类型。

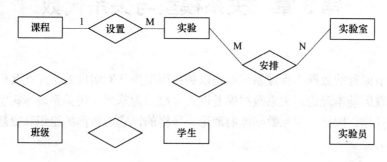

图 2-18　实体联系图

【逻辑结构设计】

根据概念模型设计阶段完成的实体联系图，得出如下关系模型（不完整）：

1．课程（课程编号，课程名称，授课院系，实验学时）

2．班级（班级号，专业，所属系）

3．开课情况（＿＿＿＿＿＿＿＿＿＿，＿＿＿＿＿＿＿＿＿＿，授课学期）

4．实验（＿＿＿＿＿＿＿＿＿＿，＿＿＿＿＿＿＿＿＿＿，实验名称，实验类型，难度，学时，安排周次）

5．实验计划（实验编号，批次，安排学期，实验室编号，实验员编号，实验时间，人数）

6．实验员（＿＿＿＿＿＿＿＿＿＿，实验员姓名，级别）

7．实验室（实验室编号，地点，开放时间，可容纳人数，实验类型）

8．学生（＿＿＿＿＿＿＿＿＿＿，＿＿＿＿＿＿＿＿＿＿，姓名，年龄，性别）

9．实验成绩（＿＿＿＿＿＿＿＿＿＿，＿＿＿＿＿＿＿＿＿＿，实验成绩，评分实验员）

将逻辑结构设计阶段生成的关系模式中的空补充完整，对所有关系模式，属性下加波浪线标出各关系模式的主键。

第3章 关系模型与关系代数

由于目前流行的数据库管理系统都是以关系模型为基础实现的，因此我们主要介绍关系数据库实现的基本理论。关系数据库是以关系模型为基础，用关系表示模型，用关系运算表示数据操作。因此，关系数据库的理论是严格的，它为数据的组织和管理提供了重要的理论依据。

3.1 关系的数据结构

由于关系模型是建立在集合代数的基础上，因而一般从集合角度给出关系数据结构的形式化定义。

3.1.1 关系的定义

1. 域

域（对应于实体的属性）是一组具有相同数据类型的集合。例如：

性别=｛男，女｝

职称=｛教授，副教授，讲师，助教｝

系名=｛信息管理系，计算机科学与技术系，物流管理系｝

以上三个都是域，在关系数据库中，域必须命名。其中，性别、职称、系名等都是域名。

2. 笛卡尔积

给定一组域 $D1$，$D2$，$D3$，…，Dn，则

$D1×D2×D3×…×Dn=\{$（$d1$，$d2$，$d3$，…，dn）$|di∈Di$，$i=1$，2，…，$n\}$

称为 $D1$，$D2$，$D3$，…，Dn 的笛卡尔积。（$d1$，$d2$，$d3$，…，dn）称为一个元组，元组中的每个 di 是 Di 域中的一个值，称为分量。

例如：给定两个域：学生的姓名集合和课程的名称集合

$D1=\{$'李小勇'，'刘方晨'，'王红敏'$\}$

$D2=\{$'数据库系统概论'，'操作系统'$\}$

$D1× D2=\{$ （'李小勇'，'数据库系统概论'），（'李小勇'，'操作系统'），

          （'刘方晨'，'数据库系统概论'），（'刘方晨'，'操作系统'），

          （'王红敏'，'数据库系统概论'），（'王红敏'，'操作系统'）

       $\}$

由此可见，笛卡尔积实际是 $D1×D2$ 域中各元素间一切可能的组合。

3. 关系

一般笛卡儿积没有实际语义，只有它能够构成一个关系的某个子集才有实际含义。D1×D2×D3×···×Dn 的子集称为在域 D1，D2，D3，···，Dn 上的关系，记为：

$$r（D1，D2，D3，···，Dn）。例如：$$

男人={ '张晓','王和','李东' }

女人={ '刘红','钱丽','孙倩' }

男人×女人={　　（'张晓','刘红'）,（'张晓','钱丽'）,（'张晓','孙倩'）,

（'王和','刘红'）,（'王和','钱丽'）,（'王和','孙倩'）,

（'李东','刘红'）,（'李东','钱丽'）,（'李东','孙倩'）

}

夫妻(男人,女人)={('张晓','刘红'),('王和','钱丽'),('李东','孙倩') }

3.1.2 关系的性质

在关系模型中，关系用二维表表示，如表 3-1 所示。表中的一行称为一个元组，表中的一列称为一个属性，属性的取值范围称为域。

表 3-1　　　　　　　　　　　　　　　　夫 妻 关 系

丈夫	妻子
张晓	刘红
王和	钱丽
李东	孙倩

关系的性质有以下几条：

（1）关系可以是空关系，如表 3-2 所示。

表 3-2　　　　　　　　　　　　　　　　空 关 系

学号	课程名称	所学专业

（2）关系中的列为属性，N 度关系必有 N 个属性，属性必须命名。

（3）不同的属性可以来自同一个域；同一列中的分量只能来自同一个域，是同类型的数据。表 3-3 中的关系就不符合要求。

表 3-3　　　　　　　　　　　　　　　　非 法 关 系

学号	课程名称	所学专业
050001	高等数学	信息专业
050001	信息专业	英语
高等数学	050002	信息专业

（4）列的次序无关紧要，可以任意交换。

（5）关系中的元组顺序无关紧要，但在同一个关系中不能有相同的元组。

（6）关系中的每个属性必须是原子的，是不可分的数据项（属性）。如表 3-4 中的关系就不符合关系的性质。

表 3-4 　　　　　　　　　　　非 法 关 系

学号	课程名称，所属专业
050001	高等数学，信息专业
050001	英语，信息专业
050002	C 语言，信息专业

（7）由于在对关系数据库操作时，随时都可能做修改性操作，则会使关系发生变化。

（8）判断两个关系是否相等，与属性次序无关，与关系的命名也无关。如果两个关系的差别只是关系名不同，属性次序不同或元组次序不同，那么这两个关系相等。如表 3-5 中的关系 A 和表 3-6 中的关系 B 相等。

表 3-5 　　　　　　　　　　　关　　系　　A

学号	课程名称	所学专业
050001	高等数学	信息专业
050002	英语	信息专业

表 3-6 　　　　　　　　　　　关　　系　　B

学号	所属专业	课程名称
050002	信息专业	英语
050001	信息专业	高等数学

3.2 关系代数

关系代数是一种抽象的查询语言，用对关系的运算来表达查询，如图 3-1 所示。

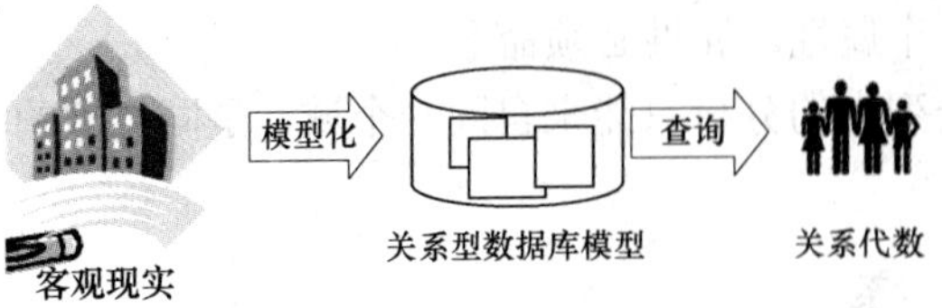

图 3-1 关系代数

在关系代数中，把关系看成是元组的集合，因此，集合中的定义与运算均适用于关系。关系代数中常用到以下运算符。

集合运算符：∪（并）、∩（交）、−（差）、×（笛卡尔积）

关系运算符：σ（选择）、∏（投影）、⋈（连接）、÷（除）

3.2.1 集合运算

集合运算包括并、交、差和笛卡尔积运算，其中前三种运算应用于关系时，要求参与运算的两个关系的度数相同，即包含相同个数的属性，而且要求相应的属性值出自同一个域。

1．四种集合运算

（1）∪（并）运算。关系 R 和 S 的并记为 R∪S，并运算实际是把两个关系的所有元组合并在一起，去掉重复元组得到的集合，如图 3-2 所示。

（2）∩（交）运算。关系 R 与 S 的交记作 R∩S，它是由同时属于 R 和 S 的元组组成的集合，如图 3-3 所示。

（3）－（差）运算。关系 R 与 S 的差记为 R－S，它是由属于 R 而不属于 S 的所有元组组成的集合，如图 3-4 所示。

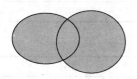 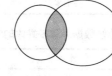 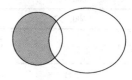

图 3-2　R∪S　　　　　　　图 3-3　R∩S　　　　　　　图 3-4　R－S

（4）×（笛卡尔积）运算。笛卡尔积运算在第 2 章已经讲解过，这里不再赘述。

2．集合运算举例

例如关系 R 是选修了数据库的学生，如表 3-7 所示；关系 S 是选修了多媒体的学生，如表 3-8 所示。

表 3-7　　　　　　　　　　　　关系 R：选修了数据库的学生

学号	姓名	性别
06002657	王远征	男
06002782	李守财	男
06002792	张小冬	男
05001234	韩龙妹	女
05001343	窦旭香	女

表 3-8　　　　　　　　　　　　关系 S：选修多媒体的学生

学号	姓名	性别
07005437	宁建春	女
07004321	曲春霞	女
07003352	雷金凤	女
07003482	武利君	男
05001234	韩龙妹	女
05001343	窦旭香	女

R 与 S 的并、交、差运算分别如表 3-9～表 3-11 所示。

表 3-9 RUS：选修数据库或选修多媒体的学生

学号	姓名	性别
07005437	宁建春	女
07004321	曲春霞	女
07003352	雷金凤	女
07003482	武利君	男
05001234	韩龙妹	女
05001343	窦旭香	女
06002657	王远征	男
06002782	李守财	男
06002792	张小冬	男

表 3-10 R∩S：同时选修数据库和多媒体的学生

学号	姓名	性别
05001234	韩龙妹	女
05001343	窦旭香	女

表 3-11 R−S：选修数据库没选修多媒体的学生

学号	姓名	性别
06002657	王远征	男
06002782	李守财	男
06002792	张小冬	男

3.2.2 专门的关系运算

专门的关系运算包括 σ（选择）、Π（投影）、⋈（连接）运算和÷（除）运算。

1. σ（选择）运算

选择运算是对单个关系施加的运算，它是一种水平方向上的选择，其目的是在关系 R 上，把满足条件的元组抽出来构成新的关系，这个关系是原关系 R 的一个子集，如图 3-5 所示。

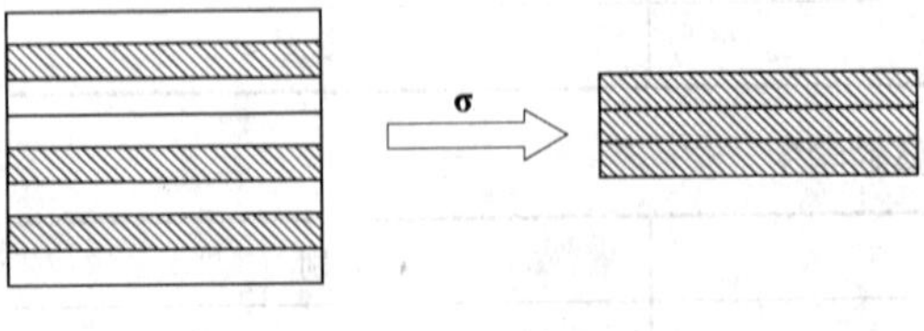

图 3-5 选择运算的原理

例如表 3-12 所示，表示学生信息表，对该表进行选择运算，即通过某种条件对记录进行筛选。

表 3-12 学 生 信 息 表

学号	姓名	性别	年龄	所在系
95001	李勇	男	20	CS
95002	刘晨	女	19	IS
95003	王敏	女	18	MA
95004	张立	男	19	IS

【例3-1】 查询信息系（IS系）全体学生的信息。

选择条件是：所在系='IS'，该关系代数的表达方法是：

$\sigma_{\text{所在系}= \text{'IS'}}$（学生信息表），该选择运算的结果如表3-13所示。

表3-13 $\sigma_{\text{所在系}= \text{'IS'}}$（学生信息表）

学号	姓名	性别	年龄	所在系
95002	刘晨	女	19	IS
95004	张立	男	19	IS

【例3-2】 查询年龄小于20岁的男生的信息。

选择条件是：年龄＜20∧性别='男'，该关系代数的表达方法是：

$\sigma_{\text{年龄}<20 \land \text{性别}= \text{'男'}}$（学生信息表），该选择运算的结果如表3-14所示。

表3-14 $\sigma_{\text{年龄}<20 \land \text{性别}= \text{'男'}}$（学生信息表）

学号	姓名	性别	年龄	所在系
95004	张立	男	19	IS

2. Π（投影）运算

投影运算也是对单个关系施加的运算，它是一种垂直方向（即列的方向）上的运算。其基本思想是：从一个关系中选所需要的属性，并重新排列成一个新关系。因为投影后属性个数要减少，形成新的关系型，应重新给这个关系命名，投影关系的原理如图3-6所示。

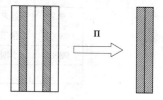

图3-6 投影运算的原理

📖 投影后不仅会取消原关系中的某些列，为了避免重复行，还可能取消某些重复元组。

【例3-3】 查询表3-12学生信息表中学生的姓名和所在系。

即求学生信息表中学生的姓名和所在系两个属性上的投影，表达方法为：

$\Pi_{\text{姓名, 所在系}}$（学生信息表），该投影运算的结果如表3-15所示。

表3-15 $\Pi_{\text{姓名, 所在系}}$（学生信息表）

姓名	所在系
李勇	CS
刘晨	IS
王敏	MA
张立	IS

【例3-4】 查询信息系（IS系）男生的姓名和所在系。

该例子是选择运算和投影运算的混合，需要先按照所在系和性别对学生信息表进行选择运算，得到筛选的记录，然后对筛选的记录的姓名和所在系进行投影运算。该关系代数的表达方法为：

$\Pi_{姓名,\ 所在系}$ [$\sigma_{所在系=\ '\text{IS}'\ \wedge\ 性别=\ '男'}$（学生信息表）]，该运算的结果如表 3-16 所示。

表 3-16 $\Pi_{姓名,\ 所在系}$（$\sigma_{所在系=\ '\text{IS}'\ \wedge\ 性别=\ '男'}$（学生信息表））

姓名	所在系
张立	IS

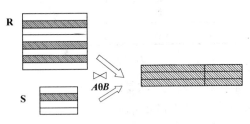

图 3-7　连接运算的原理

3. ⋈（连接）运算

连接是从两个关系的笛卡尔积中选取属性间满足一定条件的元组，连接运算的原理如图 3-7 所示。连接分为条件连接和自然连接。

（1）条件连接。如图 3-8 所示，有学生、选课、学生×选课的数据，按照某种条件对学生和选课两个关系进行条件连接，例如条件是：学生. 学号=选课. 学号，因为这里的连接条件是"等于"，所以这里的条件连接也可称为等值连接。

学生

学号	姓名	年龄	所在系
98001	张三	20	计算机系
98005	李四	21	数学系

选课

学号	课程名	成绩
98001	数据库	62
98001	数据结构	73
98005	微积分	80

学生×选课　笛卡尔积

学生.学号	姓名	年龄	所在系	选课.学号	课名	成绩
98001	张三	20	计算机系	98001	数据库	62
98001	张三	20	计算机系	98001	数据结构	73
98001	张三	20	计算机系	98005	微积分	80
98005	李四	21	数学系	98001	数据库	62
98005	李四	21	数学系	98001	数据结构	73
98005	李四	21	数学系	98005	微积分	80

图 3-8　学生、选课、学生×选课的数据

该条件连接的结果如表 3-17 所示。

表 3-17 学生⋈选课学生
学号=选课. 学号

学生.学号	姓名	年龄	所在系	选课、学号	课名	成绩
98001	张三	20	计算机系	98001	数据库	62
98001	张三	20	计算机系	98001	数据结构	73
98005	李四	21	数学系	95005	微积分	80

（2）自然连接。自然连接是一种特殊的等值连接，两个关系中进行比较的分量必须是相同的属性组，在结果中把重复的属性列去掉。

自然连接的运算过程为：

- 计算 R×S。
- 选择同时出现在 R 与 S 中属性相等的元组。
- 去掉重复属性。

自然连接与等值连接的区别：

- 等值连接不要求关系 R 和关系 S 具有相同的属性名。
- 自然连接会去掉重复属性，等值连接不会去掉。

对图 3-8 中的关系学生和选课进行自然连接的结果如表 3-18 所示。

表 3-18 学 生 ⋈ 选 课

学生.学号	姓名	年龄	所在系	课名	成绩
98001	张三	20	计算机系	数据库	62
98001	张三	20	计算机系	数据结构	73
98005	李四	21	数学系	微积分	80

4．÷（除）运算

除运算也是两个关系之间的运算。设有关系 R 和关系 S，R 能被 S 除的条件有两个：一是 R 中的属性包含 S 中的属性，二是 R 中的有些属性不出现在 S 中。R 除以 S 表示为 R÷S，它也是一个关系，叫做商。它的属性由 R 中那些不出现在 S 中的属性组成，其元组则是 S 中所有元组在 R 中对应值相同的那些元组值。

【例 3-5】 给出必修课、选修课和选课的三个关系，如表 3-19～表 3-21 所示。

表 3-19 必 修 课

课号	课名
C1	C 语言程序设计
C3	数据库

表 3-20 选 修 课

课号	课名
C2	软件工程

表 3-21 选 课

学号	课号	成绩
S1	C1	A
S1	C2	B
S1	C3	B
S2	C1	A
S2	C3	B
S3	C1	B

学号	课号	成绩
S3	C3	B
S4	C1	A
S4	C2	A
S5	C2	B
S5	C3	B
S5	C1	A

则选课÷必修课和选课÷选修课的除运算分别如表 3-22 和表 3-23 所示。

表 3-22　　　　　　　　　　　　选课÷必修课

学号	成绩
S3	B

表 3-23　　　　　　　　　　　　选课÷选修课

学号	成绩
S1	B
S4	A
S5	B

"选课÷必修课"的含义：表示选择必修课列表中给定的全部课（C1 和 C3）且成绩一样的学生的学号和成绩。

"选课÷选修课"的含义：在选课表中选择选修课列表中给定的全部课（只有 C2），且成绩一样的学生的学号和成绩。

3.3　思考与练习

1. 简答题

简述关系的性质。

2. 关系代数综合练习

现有如下 5 个关系：

（1）学生信息表（学号，姓名，性别，出生日期，家庭地址，身份证号，班级名称）。

（2）教师信息表（教工号，姓名，性别，出生日期，家庭地址，身份证号，教研室名称）。

（3）课程信息表（课程号，课程名称，学时数，学分数，上机时数，考试方式）。

（4）学生选课表（学号，课程号，成绩）。

（5）教师授课表（教工号，课程号）。

请用关系代数表示下列查询语句：

（1）全部女生信息。

（2）"信息管理"教研室的教师信息。

（3）班级名称是"05信息1班"年龄大于21的学生信息。

（4）学时数大于等于60且考试方式为"考查"的课程信息。

（5）学号为"050001"的学生所选修课程的课程号。

（6）学号为"050001"的学生所选修课程的全部课程信息。

（7）姓名为"李鸿"的学生所选修课程的课程号，课程名称，学分数。

第4章 数据库设计理论

数据库设计是指对于一个给定的应用环境，构造最优的数据库模式，建立数据库及其应用系统，使之能够有效地存储数据，满足各种用户的应用需求（信息要求和处理要求）。在数据库领域内，常常把使用数据库的各类系统统称为数据库应用系统。

4.1 数据库设计概述

一个出色的数据库设计可以有如下特点：

（1）大大缩短设计、实施的时间。

（2）给前端应用程序开发以很大支持，表的大小甚至可能减少 9/10，系统稳定性可提高 5～10 倍。

（3）大大减轻维护的负担。用于维护已有软件的费用占软件总预算的比例 1970 年为 35%～40%，1980 年为 40%～60%，1990 年为 70%～80%，而一个好的数据库设计能够尽可能地降低维护费用。

4.1.1 数据库设计的目标

数据库设计即是在一定平台制约下，根据信息需求与处理需求设计出性能良好的数据模式。根据用户对象的信息需求、处理需求和数据库的支持环境（包括硬件、操作系统与DBMS）设计出数据模式。

（1）信息需求是指用户对数据、结构的要求。

（2）处理需求是指用户对数据的处理过程和方式的要求。

数据库设计应该与应用系统设计相结合，即数据库设计应包含结构（数据）设计和行为（处理）设计两方面的内容。

4.1.2 数据库设计的方法

由于信息结构复杂，应用环境多样，在相当长的一段时期内，数据库设计主要采用手工试凑法，缺乏科学理论依据和工程方法的支持，依赖于设计人员的经验和水平，从而难以保证工程的质量，增加了系统维护的代价。设计人员经过十余年的努力探索，提出了各种数据库设计方法。这些方法运用软件工程的思想总结出了各种设计准则和规程，这些都属于规范化设计方法。

1. 新奥尔良方法

新奥尔良方法将数据库设计分为需求分析（分析用户需求）、概念设计（信息分析和定义）、逻辑设计（设计实现）和物理设计（物理数据库设计）4 个阶段。

2．S.B.Yao 方法

S.B.Yao 方法将数据库设计分为需求分析、模式构成、模式汇总、模式重构、模式分析和物理数据库设计六个阶段。

3．I.R.Palmer 方法

I.R.Palmer 方法主张将数据库设计当成一步接一步的过程，并采用一些辅助手段实现每一过程。

4．其他

除了以上方法之外，还有一些为数据库设计不同阶段提供的具体实现技术与实现方法。

目前常用的实用化、产品化的数据库设计工具软件有 Oracle 公司推出的 Design 2000 和 Sybase 公司的 PowerDesigner，这些工具软件能自动或辅助设计人员完成数据库设计过程中的很多任务，但使用起来还有一定的难度和复杂度。

4.1.3 数据库设计的步骤

按照规范化设计的方法，考虑数据库及其应用系统的开发全过程，称为数据库设计的生命周期法，将数据库设计分为以下 6 个阶段：需求分析、概念结构设计、逻辑结构设计、物理结构设计、数据库实施和数据库运行与维护 6 个步骤运行，如图 4-1 所示。下面说明每个阶段的工作任务和应注意的问题。

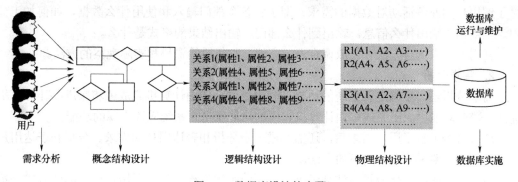

图 4-1　数据库设计的步骤

1．需求分析

需求分析要全面、准确了解用户的实际需求。

2．概念结构设计

概念结构设计即设计数据库的概念结构。概念结构设计是整个数据库设计的关键，它通过对用户需求进行综合、归纳与抽象，形成一个独立于具体 DBMS 的概念模型。

3．逻辑结构设计

逻辑结构设计是将抽象的概念模型转换为所选用的 DBMS 支持的数据模型，并对其进行优化。

4．物理结构设计

物理结构设计是为逻辑数据模型选取一个最适合应用环境的物理结构（包括存储结构和存取方法）。

5．数据库实施

在数据库实施阶段，设计人员运用 DBMS 提供的数据语言及其宿主语言，根据逻辑设计和物理设计的结果建立数据库，编制与调试应用程序，组织数据入库，并进行试运行。

6．数据库运行与维护

数据库应用系统经过试运行后即可投入正式运行。在数据库运行过程中，必须不断对其进行评价、调整与修改。

4.2 需求分析

需求分析是从调查用户单位着手，深入了解用户单位的数据流程，数据使用情况，数据的数量、流量、流向、性质，并作出分析，最终按一定规范要求以文档形式写出数据的需求说明书。需求分析的示意图如图 4-2 所示。

图 4-2　需求分析的示意图

需求分析的步骤通常分为三步：需求调查、需求分析和数据需求分析说明书。

1．需求调查

需求调查的目的是收集原始资料，了解用户单位的组织机构和业务活动情况，更重要的是了解用户的业务活动对数据的需求，即了解各个部门输入和使用什么数据，如何加工处理这些数据，输出什么信息，输出到什么部门，输出结果的格式是什么。

常用的需求调查方法有发放调查表、座谈、收集原始资料和实际观察的方法。

2．需求分析

需求分析还需要确定新系统的边界，确定哪些功能由计算机完成或将来准备让计算机完成，哪些功能由人工完成。由计算机完成的功能就是新系统应该实现的功能。

通过调查了解了用户需求后，还需要进一步分析和表达用户的需求。分析和表达用户需求的方法主要采用自顶向下的方法。

自顶向下的结构化分析方法从最上层的系统组织机构入手，采用逐层分解的方式分析系统，并且把每一层用数据流图和数据字典描述。

（1）数据流图（DFD，Data Flow Diagram）。分析用户活动，在此基础上着重分析其数据流，进而绘制出数据流图，数据流图主要表达了数据和处理过程的关系。一个 DFD 示例图如图 4-3 所示。

图 4-3　一个 DFD 示例

（2）数据字典（DD，Data Dictionary）。系统中的数据借助于数据字典来描述，数据字典中给出了用户单位的基本数据要求。数据字典包括数据项、数据结构、数据流、数据存储和数据处理。

- 数据项是不可再分的数据单位，对数据项的描述有数据项的类型、长度、取值范围、语义约束以及与其他数据项的关联。
- 数据结构反映了数据之间的组合关系。一个数据结构可以由若干个数据项组成，也可以由若干个数据结构组成，或由若干个数据项和数据结构混合构成。对数据结构的描述通常包括数据结构名、含义、组成。
- 数据流是数据结构在系统内传输的路径。数据流的描述通常包括数据流来源、去向、组成、平均/高峰流量。
- 对数据存储的描述通常包括输入/输出数据流及其组成内容、数据量、存取频度和存取方式。
- 对数据处理的描述通常包括输入和输出的数据以及处理的简短说明。

3. 数据需求分析说明书

在调查与分析的基础上依据一定的规范要求编写数据需求分析说明书，如图 4-4 和图 4-5 所示。

```
        ×××项目需求分析说明书

1. 前言
   1.1 编写目的
   1.2 背景
   1.3 名词定义
   1.4 参考资料
2. 数据边界分析
   2.1 数据范围
   2.2 数据内部关系分析
   2.3 数据边界分析
   2.4 数据环境分析
```

```
3. 数据流
   3.1 数据流图之1
   3.2 数据流图之2
   ·····················
4. 数据字典
   4.1 数据项分析
   4.2 数据结构分析
   4.3 数据流分析
   4.4 数据存贮分析
   4.5 数据处理分析
5. 原始资料汇编
   5.1 原始资料汇编之1
   5.2 原始资料汇编之2
   ·····················

编写人员：_____    审核人员：_____
审批人员：_____    日　　期：_____
```

图 4-4　数据需求分析说明书　　　　　图 4-5　数据需求分析说明书（续）

4.3　概念结构设计

将需求分析得到的用户需求抽象为信息结构（即概念模型）的过程就是概念结构设计。概念结构设计的目标是产生反映全组织信息需求的整体数据库概念结构，即概念模型。

概念结构是对现实世界的一种抽象，即对实际的人、物、事进行人为处理，抽取人们关心的共同特性，忽略非本质的细节，并把这些特性用各种概念精确地加以描述。

概念结构独立于数据库逻辑结构，也独立于支持数据库的 DBMS。它是现实世界与机器世界的中介，它一方面能够充分反映现实世界，包括实体与实体的联系，同时又易于向关系、网状、层次等各种数据模型转换。它是现实世界的一个真实模型，易于理解，便于和不熟悉计算机的用户沟通，使用户易于参与。当现实世界需求改变时，概念结构又可以很容易地做相应调整。因此，概念结构设计是整个数据库设计的关键所在。

4.3.1　概念结构设计的方法与步骤

概念结构设计通常有四类方法。

1．自顶向下方法

自顶向下方法首先定义全局概念结构的框架，然后逐步细化。自顶向下的设计方法如图 4-6 所示。

2．自底向上方法

自底向上方法即首先定义各局部应用的概念结构，然后将它们集成起来，得到全局概念结构。最经常采用的策略是自底向上的方法，即自顶向下地进行需求分析，然后自底向上地设计概念结构。自底向上的设计方法如图 4-7 所示。

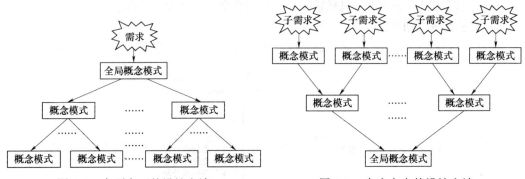

图 4-6　自顶向下的设计方法　　　　图 4-7　自底向上的设计方法

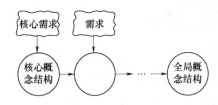

图 4-8　逐步扩张的方法

3．逐步扩张方法

首先定义最重要的核心概念结构，然后向外扩充，以滚雪球的方式逐步生成其他概念结构，直至总体概念结构。逐步扩张的方法如图 4-8 所示。

4．混合策略方法

混合策略方法即将自顶向下和自底向上方法相结合，用自顶向下策略设计一个全局概念结构的框架，然后以它为骨架，集成自底向上策略中设计的各局部概念结构。

无论采用哪种设计方法，一般都以 E-R 模型为工具来描述概念结构。最常用的策略是自底向上的方法，即自顶向下地需求分析，然后再自底向上地设计概念结构。采取该方法进行概念结构设计主要分为两步：第一步是抽象数据并设计局部视图；第二步是集成局部视图，得到全局视图，即概念结构。设计步骤如图 4-9 所示。

4.3.2　数据抽象与局部视图设计

用自底向上的方法设计概念结构，首先要根据需求分析的结果（数据流图、数据字典）等对现实世界的数据进行抽象，设计各个局部视图即分 E-R 图。

1．局部应用

在需求分析阶段，通过对应用环境和要求进行详尽的调查后，需用多层数据流图和数据字典描述整个系统。设计分 E-R 图的第一步，就是要根据系统的具体情况，在多层的数据流图中选择一个适当层次的数据流图（经验很重要），让这组图中每个部分对应一个局部应用，我们就可以从这一层次的数据流图做出发点，设计分 E-R 图。

一般而言，中层的数据流图能较好地反应系统中各局部应用的子系统组成，因此人们往往以中层数据流图作为设计分 E-R 图的依据。

2. 设计分 E-R 图

每个局部应用都对应了一组数据流图，局部应用所涉及的数据都已经收集在数据字典中，现在就是要将这些数据从数据字典中抽取出来，参照数据流图，标注局部应用中的实体、实体的属性、实体的关键字、实体之间的联系及联系的类型（1:1，1:N，M:N）。

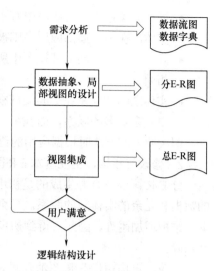

图 4-9　概念结构设计步骤

E-R 模型的设计原则：

- 忠实于应用。例如不能将教龄作为学生的属性。
- 简单性。如学生选课关注任课教师的教龄和学位属性，而不关心工资、生日等信息。
- 避免冗余，每种信息只出现在一个地方。

实际上，实体与属性是相对而言的，很难有截然划分的界限。同一个事物，在一种应用环境下作为"属性"，在另一种应用环境中就可能作为"实体"。一般来说，在给定的应用环境中：

- 属性，不能具有需要描述的性质，是原子的、不可再分的数据项。
- 属性不能和其他实体相联系，联系只发生在实体与实体之间。

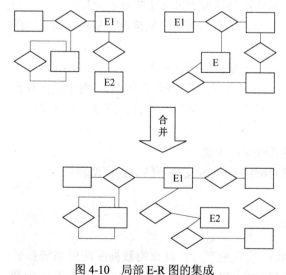

图 4-10　局部 E-R 图的集成

4.3.3　E-R 图的集成

局部 E-R 图的集成需要两步：第一步是合并，第二步是修改与重构。如图 4-10 所示。

1. 合并分 E-R 图，生成初步 E-R 图

各分 E-R 图之间的冲突主要有三类：属性冲突、命名冲突和结构冲突。

（1）属性冲突。属性冲突是指属性域冲突，即属性值的类型、取值范围、取值单位冲突。例如重量单位有的用千克，有的用公斤。

（2）命名冲突。命名冲突是指属性名、实体名、联系名出现同名异义或同义异名的现象。

（3）结构冲突。结构冲突主要表现在以下方面：

- 同一对象在不同的应用中有不同的抽象，例如"课程"实体在某一局部 E-R 图中是实体，在另一局部应用中则被当做属性。
- 同一实体在不同局部视图中所包含的属性不完全相同，或者属性的排列次序不完全相同。
- 实体之间的联系在不同局部视图中呈现不同的类型。例如两个实体在某一局部应用中是多对多的联系，而在另一局部应用中是一对多的联系。

解决冲突的方法时根据应用的语义对实体和联系的类型进行综合或调整。

2．修改与重构，生成基本 E-R 图

分 E-R 图经过合并生成的是初步 E-R 图，之所以称为初步 E-R 图，因为可能存在冗余的数据和冗余的实体间的联系。冗余的数据和冗余的联系容易破坏数据库的完整性，给数据库维护增加困难。因此，得到初步 E-R 图后，还应当进一步检查 E-R 图中是否存在冗余并消除。

修改、重构初步 E-R 图消除冗余通常采用分析法，还可以用规范化理论来消除。

视图集成后形成一个整体的数据库概念结构，还必须对其进行验证，确保它能够满足以下条件：

（1）整体概念结构内部必须具有一致性，即不能存在互相矛盾的表达。

（2）整体概念结构能准确反映原来的每个视图结构，包括实体、属性及实体间的联系。

（3）整体概念结构能满足需求分析阶段所确定的所有要求。

整体概念结构最终还应该提交给用户，征求用户和有关人员的意见，进行评审、修改和优化。然后把它确定下来，作为数据库的概念结构，成为进一步设计数据库的依据。

4.4　逻辑结构设计

概念结构是各种数据模型的共同基础，它比数据模型更独立于机器、更抽象，从而更加稳定。但为了能够用某一 DBMS 实现用户需求，还必须将概念结构进一步转化为相应的数据模型，这正是数据库逻辑结构设计要完成的任务。

设计逻辑结构应该选择最适于描述与表达相应概念结构的数据模型，然后选择最合适的 DBMS。目前 DBMS 产品一般只支持关系、网状和层次三种模型的一种。对于某一种数据模型，各个机器系统又有许多不同的限制，提供不同的环境与工具。所以，设计逻辑结构时一般要分三步进行：

（1）将概念结构转换为一般的关系、网状或层次模型。

（2）将转换来的关系、网状或层次模型向特定 DBMS 支持下的数据模型转换。

（3）对数据模型进行优化。

4.4.1　概念模型向关系模型的转换

某些早期设计的应用系统还在使用网状或层次模型，新设计的数据库应用系统都普遍采用支持关系数据模型的 DBMS。所以这里只介绍 E-R 图向关系数据模型的转换原则和方法。

关系模型的逻辑结构是一组关系模式的集合，而 E-R 图则是由实体、实体的属性和实体之间的联系三个要素组成的。所以将 E-R 图转换成关系模型实际是将实体、属性、实体间的联系转换为关系模式。这种转换一般遵循以下原则：

（1）一个实体型转换为一个关系模式。这种转换中，实体的属性就是关系的属性，实体的码就是关系的关键字。

（2）一个 M:N 联系转换方式是新建一个关系模式。与该联系相连的各实体的码及联系本身的属性均转换为关系的属性。关系的关键字为各实体码的组合。

（3）一个 1:N 的联系转换方式为"1"端实体的码作为一个普通属性放在"N"端实体的关系模式中，联系本身的属性也放在该关系模式中。

（4）一个 1:1 联系转换方式与 1:N 相同，在一端实体的关系模式中加入另一端实体的码和联系本身的属性。

（5）具有相同关键字的关系模式可合并。

形成了一般的数据模型后，下一步就是向特定 DBMS 规定的模型进行转换。这一步转换是依赖于机器的，没有一个普遍的规则，转换的主要依据是所选用的 DBMS 的功能及限制。对于关系模型来说，这种转换通常比较简单。

4.4.2 数据模型的优化

数据库逻辑设计的结果不是唯一的。为了进一步提高数据库应用的性能，还应该进行数据模型的优化。所谓优化就是对已建立的数据模型进行适当的修改和调整，以规范化理论为指导。

1．规范化理论中的基本概念

（1）函数依赖。X 与 Y 是属性组，X→Y，X 的取值决定了 Y 的取值，叫做 Y 函数依赖于 X。

例如：R（学号*，姓名，出生年月，所属专业，所在班级）

学号*→姓名

学号*→出生年月

学号*→所属专业

学号*→所在班级

则称姓名、出生年月、所属专业和所在班级都函数依赖于学号属性。

（2）部分函数依赖。设 X，Y 是关系 R 的两个属性集合，存在 X→Y，若 X′是 X 的真子集，存在 X′→Y，则称 Y 部分函数依赖于 X。

例如学生表（学号，课程号，成绩，宿舍）关系中，（学号，课程号）→宿舍是部分函数依赖，因为学号→学生宿舍成立。

（3）传递函数依赖。设 X，Y，Z 是关系 R 中互不相同的属性集合，存在 X→Y（Y !→X），Y→Z，则称 Z 传递函数依赖于 X。

例如：R（学号*，姓名，出生年月，所在班级，所在系，系主任，系办公地点）。

学号*→所在系　　　所在系→系主任　　　所在系→系办公地点

所以系主任和系办公地点都是传递依赖于学号。

优化关系模式的方法是进行分解，即将一个关系分解为两个或多个关系。这样可以消除一些不好的数据依赖，使关系模式属于更高级别的范式。但同时关系会增多，对响应速度等产生负面影响。因此，在实际工作中，不一定要追求最高范式，一般设计要求达到 3NF 即可。

2．1NF

关系模式 R 的所有属性都是不可再分的数据项，则 R∈1NF。如果关系 R 没有达到 1NF，则需要采取分解的方式使其达到 1NF，如图 4-11 所示。

显然 1NF 是对关系模式最基本的要求，但满足 1NF 的关系模式不一定是好的关系模式。

R（学号，课程名称，所属专业）

学号	课程名称，所属专业
050001	高等数学，信息专业
050001	英语，信息专业
050001	C语言，信息专业
050001	数据库原理，信息专业
050002	高等数学，信息专业
050002	英语，信息专业
……	

非规范化关系

R（学号，课程名称，所属专业）

学号	课程名称	所属专业
050001	高等数学	信息专业
050001	英语	信息专业
050001	C语言	信息专业
050001	数据库原理	信息专业
050002	高等数学	信息专业
050002	英语	信息专业
……	……	……

第一规范化形式1NF

图 4-11　1NF 的规范化方法

3．2NF

关系模式 R∈1NF，且所有非关键字属性都完全依赖于 R 的关键字，则 R∈2NF。

达到 1NF 的关系模式是否存在问题呢？

例如：R（学号*，姓名，出生年月，所在班级，课程号*，课程名称，学分，成绩），如表 4-1 所示。

表 4-1　　　　　　　　　　　　关　系　R（1）

学号	姓名	出生年月	所在班级	课程号	课程名称	学分	成绩
050001	张山	1984.1.20	05 信息 1 班	MGT141	数据库	4	67
050002	刘好	1983.12.1	05 信息 1 班	MGT141	数据库	4	75
050003	王样	1985.5.20	05 信息 1 班	MGT141	数据库	4	82
050004	李照	1984.6.25	05 信息 1 班	MGT141	数据库	4	68
050005	程红	1985.7.3	05 信息 1 班	MGT141	数据库	4	77
050006	于里	1986.8.17	05 信息 1 班	MGT141	数据库	4	90
……	……	……	……	……	……	……	……

该关系主要存在以下问题：

（1）数据冗余。若学生"张山"选修了 20 门课，则该学生的学号、姓名、出生年月、所在班级会出现 20 次。

（2）插入异常。如果想插入一个未选课的学生，由于课程号不能为空，则该学生不能插入。这和先入学后选课的现状相矛盾。

（3）删除异常。若学生"刘好"只选修了一门课，现在取消选课，则该学生的基本信息也被删除了。

（4）修改复杂。若某学生要转系，该学生选修了20门课，则要修改这20条记录中的所在班级，否则会造成数据不一致。

存在上述异常的原因是在满足1NF的关系中，存在着属性对关键字的部分依赖。解决这个问题的方法是将该关系分解为若干个关系，消除这种对关键字的部分依赖。如图4-12的关系R中，姓名、出生年月、所在班级部分依赖于学号；课程名称、学分部分依赖于课程号。将该关系分解为两个关系，消除部分依赖，则R∈2NF。

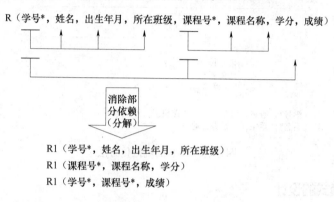

图 4-12   2NF 的规范化方法

4．3NF

关系模式 R∈2NF，且不存在非关键字属性对关键字属性的传递依赖。

达到2NF的关系模式是否存在问题呢？

例如 R（学号*，姓名，出生年月，所在班级，所在系，系主任，系办公地点），如表4-2所示。

表 4-2 　　　　　　　　　关　系　　R（2）

学号	姓名	出生年月	所在班级	所在系	系主任	系办公地点
050001	张山	1984.1.20	05 信息 1 班	信息系	毕建涛	教学楼 2802
050002	刘好	1983.12.1	05 信息 1 班	信息系	毕建涛	教学楼 2802
050003	王样	1985.5.20	05 信息 1 班	信息系	毕建涛	教学楼 2802
050004	李照	1984.6.25	05 信息 1 班	信息系	毕建涛	教学楼 2802
050005	程红	1985.7.3	05 信息 1 班	信息系	毕建涛	教学楼 2802
……	……	……	……	……	……	……

该关系主要存在以下问题：

（1）数据冗余。若信息系有150个学生，则系主任和系办公地点要出现150次。

（2）插入异常。如果新建一个系，该系尚未招生，由于学号不能为空，则该系信息无法插入。这和新建系后招生的现实相矛盾。

（3）删除异常。如果删除某系所有学生的记录，则该系的信息也被删除了。

（4）修改复杂。如果某系的系主任更换，该系有 150 个学生，则需要修改 150 条记录，否则会造成数据不一致。

存在上述异常的原因是在满足 2NF 的关系中，存在着对主属性的传递依赖。解决的方法是通过分解，消除非主属性对主属性的传递依赖。

如图 4-13 所示，将关系 R 分解为 R1 和 R2，消除传递依赖，从而达到 3NF。

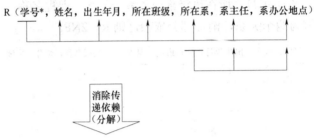

图 4-13　3NF 的规范化方法

4.4.3　用户子模式的设计

用户子模式也称为外模式，关系数据库中提供的视图就是根据用户子模式设计的。设计用户子模式时只考虑用户对数据的使用要求、习惯及安全性要求，而不用考虑系统的时间效率、空间效率和易维护等问题。子模式的应用如图 4-14 所示。

用户子模式设计时注意以下问题。

（1）使用更符合用户习惯的别名。在合并各分 E-R 图时应消除命名的冲突，这在设计数据库整体结构时是非常必要的。但命名统一后会使某些用户感到别扭，定义子模式的方法可以有效解决该问题。可以对子模式的关系和属性名重新命名，使其与用户习惯一致，以方便用户使用。

（2）对不同级别的用户定义不同的子模式。由于视图能对表中的行和列进行限制，所以它还

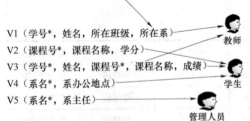

图 4-14　子模式的应用

具有保护系统安全性的作用。对不同级别的用户定义不同的子模式，可以满足系统对安全性的要求。

假设有关系模式：学生（学号，姓名，性别，出生日期，民族，政治面貌，班级，家庭住址，邮编，电话），如果在学生关系上建立两个视图，即：

为一般查询者建立视图：

学生 1（学号，姓名，性别，班级）

为学生管理办公室建立视图：

学生2（学号，姓名，性别，出生日期，政治面貌，家庭住址，电话）

在建立视图后，学生1视图中包含了允许一般查询者要查询的学生属性，学生2视图中包含了学生管理办公室需要查询的学生属性。这样既方便了使用，也可以防止用户非法访问本来不允许他们查询的数据，保证了系统的安全性。

（3）简化用户对系统的使用。利用子模式可以简化用户对系统的使用，方便查询。实际中经常会使用某些很复杂的查询，这些查询包括多表连接、分组和统计等。为了方便用户，可以将这些复杂的查询定义为视图，用户每次只对定义好的视图进行查询，避免了每次查询都要对其进行重复描述，大大简化了用户对系统的使用。

4.5 数据库的物理设计

数据库物理设计阶段的任务是根据具体计算机系统（DBMS 和硬件等）的特点，为给定的数据库模型确定合理的物理结构，即存取方法。所谓的"合理"主要有两个含义：一个是要使设计出的物理数据库占用较少的存储空间，另一个对数据库的操作具有尽可能高的速度。

为了设计数据库的物理结构，设计人员必须充分了解所用 DBMS 的内部特征；充分了解数据系统的实际应用环境，特别是数据应用处理的频率和响应时间的要求；充分了解外存储设备的特性。数据库的物理结构设计大致包括：确定数据库的物理结构和对物理结构进行评价。

4.5.1 确定数据库的物理结构

物理结构设计阶段实现的是数据库系统的内模式，它的质量直接决定了整个系统的性能。因此在确定数据库的存储结构和存取方法之前，对数据库系统所支持的事务要进行仔细分析，获得优化数据库物理设计的参数。

对于数据库查询事务，需要得到以下信息：

- 要查询的关系。
- 查询条件（即选择条件）所涉及的属性。
- 连接条件所涉及的属性。
- 查询的投影属性。

对于数据更新事务，需要得到以下信息：

- 要更新的关系。
- 每个关系上的更新操作的类型。
- 删除和修改操作所涉及的属性。
- 修改操作要更改的属性值。

上述这些信息是确定关系存取方法的依据。除此之外，还需要知道每个事务在各关系上运行的频率，某些事务可能具有严格的性能要求。例如，某个事务必须在 20 秒钟内结束。这种时间约束对于存取方法的选择有重大的影响。需要了解每个事务的时间约束。

值得注意的是，在进行数据库物理结构设计时，通常并不知道所有的事务，上述信息可能不完全。所以，以后可能需要修改根据上述信息设计的物理结构，以适应新事务的要求。

1．确定关系模型的存取方法

确定数据库的存取方法，就是确定建立哪些存储路径以实现快速存取数据库中的数据。现行的 DBMS 一般都提供了多种存取方法，如索引法、HASH 法等。其中，最常用的是索引法。

数据库的索引类似书的目录。在书中，目录允许用户不必浏览全书就能迅速地找到所需要的位置。在数据库中，索引也允许应用程序迅速找到表中的数据，而不必扫描整个数据库。在书中，目录就是内容和相应页号的清单。在数据库中，索引就是表中数据和相应存储位置的列表。使用索引可以大大减少数据的查询时间。

但需要注意的是索引虽然能加速查询的速度，但是为数据库中的每张表都设置大量的索引并不是一个明智的做法。这是因为增加索引也有其不利的一面：首先，每个索引都将占用一定的存储空间，如果建立聚簇索引（会改变数据物理存储位置的一种索引），占用需要的空间就会更大；其次，当对表中的数据进行增加、删除和修改的时候，索引也要动态地维护，这样就降低了数据的更新速度。

在创建索引的时候，一般遵循以下的一些经验性原则：

- 在经常需要搜索的列上建立索引。
- 在主关键字上建立索引。
- 在经常用于连接的列上建立索引，即在外键上建立索引。
- 在经常需要根据范围进行搜索的列上创建索引，因为索引已经排序，其指定的范围是连续的。
- 在经常需要排序的列上建立索引，因为索引已经排序，这样查询可以利用索引的排序，加快排序查询的时间。
- 在经常成为查询条件的列上建立索引。也就是说，在经常使用在 WHERE 子句中的列上面建立索引。

同样，对于某些列不应该创建索引。这时候应该考虑下面的指导原则：

（1）对于那些在查询中很少使用和参考的列不应该创建索引。因为既然这些列很少使用到，有索引并不能提高查询的速度。相反，由于增加了索引，反而降低了系统的维护速度和增大了空间需求。

（2）对于那些只有很少值的列不应该建立索引。例如，人事表中的"性别"列，取值范围只有两项："男"或"女"。若在其上建立索引，则平均起来，每个属性值对应一半的元组，用索引检索，并不能明显加快检索的速度。

2．确定数据的存放位置

为了提高系统性能，数据应该根据应用情况将易变部分和稳定部分、经常存取部分和存取效率较低部分分开存放。

例如，数据库数据备份、日志文件备份等，由于只在故障恢复时才使用，而且数据量很大，可以考虑存放在磁带上。目前许多计算机都有多个磁盘，因此进行物理设计时可以考虑将表和索引分别放在不同的磁盘上。查询时，由于两个磁盘驱动器分别在工作，因而可以保证物理读写速度比较快。也可以将较大的表分别放在两个磁盘上，以加快存取速度，这在多用户环境下特别有效。此外还可以将日志文件和数据库对象存放在不同的磁盘以改进系统的性能。

由于各个系统所能提供的对数据进行物理安排的手段、方法差异很大，因此设计人员必须仔细了解给定的 DBMS 在这方面提供了什么方法，再结合应用环境的要求，对数据进行适当的物理安排。

3. 确定系统配置

DBMS 一般都提供了一些存储分配参数，供设计人员和数据库管理员对数据库进行物理优化。初始情况下，系统都为这些变量赋予了合理的默认值。但这些值不一定适合于每一种应用环境，在进行物理设计时，需要重新对这些变量赋值以改善系统的性能。

通常情况下，这些配置变量包括：同时使用数据库的用户数，同时打开数据库的对象数，使用的缓冲区长度、个数，时间片大小，数据库的大小，装填因子，锁的数目等。这些变量值影响存取时间和存储空间的分配，在物理设计时要根据应用环境确定这些变量，以使系统性能最优。

在物理设计时对系统配置变量的调整只是初步的，在系统运行时，还要根据系统实际运行情况做进一步的调整，以切实改进系统性能。

4.5.2 评价物理结构

数据库物理设计过程中需要对时间效率、空间效率、维护代价和各种用户要求进行权衡，其结果可以产生多种方案。数据库设计人员必须对这些方案进行细致的评价，从中选择一个较优的方案作为数据库的物理结构。

评价物理数据库的方法完全依赖于所选的 DBMS，主要定量估算各种方案的存储空间、存取时间和维护代价，对估算结果进行权衡和比较，选择出一个较优的、合理的物理结构。如果该结构不符合用户要求，则需要修改设计。

4.6 数据库的实施与维护

在进行概念结构设计和物理结构设计之后，设计者对目标系统的结构、功能已经分析得较为清楚了，但这还只是停留在文档阶段。数据系统设计的根本目的，是为用户提供一个能够实际运行的系统，并保证该系统的稳定和高效。要做到这点，还有两项工作，就是数据库的实施、运行和维护。

4.6.1 数据库的实施

数据库的实施主要是根据逻辑结构设计和物理结构设计的结果，在计算机系统上建立实际的数据库结构、导入数据并进行程序的调试。它相当于软件工程中的代码编写和程序调试的阶段。

用具体的 DBMS 提供的数据定义语言（DDL），把数据库的逻辑结构设计和物理结构设计的结果转化为程序语句，然后经 DBMS 编译处理和运行后，实际的数据库便建立起来了。目前的很多 DBMS 系统除了提供传统的命令行方式外，还提供了数据库结构的图形化定义方式，极大地提高了工作的效率。

具体地说，建立数据库结构应包括以下几个方面：

- 数据库模式与子模式，以及数据库空间的描述。
- 数据完整性的描述。
- 数据安全性描述。
- 数据库物理存储参数的描述。

此时的数据库系统就如同刚竣工的大楼，内部空空如也。要真正发挥它的作用，还有必须装入各种实际的数据。

4.6.2　数据库试运行

当有部分数据装入数据库以后，就可以进入数据库的试运行阶段，数据库的试运行也称为联合调试。数据库的试运行对于系统设计的性能检测和评价是十分重要的，因为某些 DBMS 参数的最佳值只有在试运行中才能确定。

由于在数据库设计阶段，设计者对数据库的评价多是在简化了的环境条件下进行的，因此设计结果未必是最佳的。在试运行阶段，除了对应用程序做进一步的测试之外，重点执行对数据库的各种操作，实际测量系统的各种性能，检测是否达到设计要求。如果在数据库试运行时，所产生的实际结果不理想，则应回过头来修改物理结构，甚至修改逻辑结构。

4.6.3　数据库的运行和维护

数据库系统投入正式运行，意味着数据库的设计与开发阶段的基本结束，运行与维护阶段的开始。数据库的运行和维护是个长期的工作，是数据库设计工作的延续和提高。

在数据库运行阶段，完成对数据库的日常维护，工作人员需要掌握 DBMS 的存储、控制和数据恢复等基本操作，而且要经常性地涉及物理数据库、甚至逻辑数据库的再设计，因此数据库的维护工作仍然需要具有丰富经验的专业技术人员（主要是数据库管理员）来完成。

数据库的运行和维护阶段的主要工作有：

- 对数据库性能的监测、分析和改善。
- 数据库的转储和恢复。
- 维持数据库的安全性和完整性。
- 数据库的重组和重构。

4.7　数据库设计实例

学习了数据库设计理论之后，要能够在实际中进行应用。下面举几个数据库设计的实例说明数据库设计的过程，主要是概念结构设计和逻辑结构设计过程。

4.7.1 学生成绩登记表的数据库设计

如图 4-15 所示的学生成绩登记表，对该数据库进行概念结构设计和逻辑结构设计。

1. 概念结构设计

根据图 4-15 中的信息，可以确定该数据库一共有三个实体：学生、课程和教师。学号、姓名、班级是学生实体的属性，课号、课名、学分、课时是课程实体的属性，教师号和教师姓名是教师实体的属性。难点在于成绩、日期、上课地点是哪个实体的属性？

根据前面讲过的数据库概念结构设计的理论，成绩、日期既不是学生实体的属性，也不是课程实体的属性，它们是在学生选修了课程之后才产生的，所以属于联系"选课"的属性。同样，上课地点既不是教师的属性，也不是课程的属性，是教师教授课程才产生的属性，所以属于联系"授课"的

学生成绩登记表								
姓名			学号					班级
课号	课名	学分	课时	成绩	日期	教师号	教师姓名	上课地点

图 4-15　学生成绩登记表

属性。该数据库的 E-R 图如图 4-16 所示。

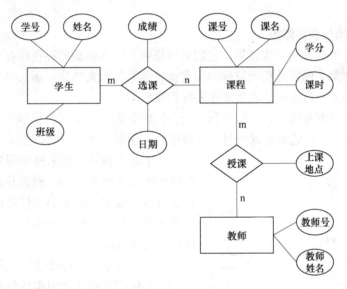

图 4-16　学生成绩表的 E-R 图

2. 逻辑结构设计

根据逻辑结构设计中实体、属性和联系转换为关系模式的方法，上述 E-R 图转换为关系模式如下所示：

- 学生信息表（学号*，姓名，班级）
- 课程信息表（课号*，课名，学分，课时）
- 教师信息表（教师号*，教师姓名）
- 成绩表（学号*，课号*，成绩，日期）
- 课程表（课号*，教师号*，上课地点）

49

对上述五个关系模式进行优化，由于都已经达到了 3NF，不需要再对其进行规范化处理。

4.7.2　期末考试考场安排的数据库设计

为大学选课系统安排期末考试考场，供学生和教师查询考试信息。要求如下：

（1）一门课程的所有开课班应安排在相同时间进行考试。

（2）一个开课班可能安排多个考场，一个考场可能有多个开课班。

（3）一个考场有多名监考老师，一个老师可以给多场考试监考。

请为上述考试安排设计 E-R 图并转化为关系模式。简便起见，本例子只考虑与考试相关的实体和联系，实体的属性省略，由读者调研决定。

1．案例分析

该数据库一共有五个实体：课程、开课班、学生、教师、考场。因为一门课程有多个开课班，所以上课是学生和开课班实体间建立起联系，而不是学生和课程建立起联系。根据要求（2），开课班和考场实体之间是 M:N 的联系；根据要求（3），教师和考场实体之间也是 M:N 的联系。

课程和开课班实体之间的联系比较特殊，开课班依赖于课程实体而存在，这类实体称为弱实体集。

2．存在依赖与弱实体集

在现实世界中存在一类实体集，它们必须依赖其他实体集的存在而存在，则称这样的实体集为弱实体集，弱实体集所依赖的强实体集称为标识实体集。弱实体集必须与一个标识实体集相关联才有意义，该联系集称为标识联系集。

例如在大学选课系统中，一门课程可能会同时开设多个开课班供学生选修，这些开课班组成了一个实体集，它有开课班号、开设年份、学期、上课时间、上课地点等属性。

一个弱实体集中用来标识弱实体集的属性称为该弱实体集的部分码，例如开课班的部分码是开课班号。弱实体集中的实体是由其标识实体集中的主码与其部分码共同标识。例如开课班是由课程号与开课班号共同标识。

对于弱实体集，必须满足下列限制：

（1）标识实体集和弱实体集是"一对多"的联系集，一个标识实体可以与一个或多个弱实体联系，但一个弱实体只能与一个标识实体相联系。

（2）弱实体在标识联系集中是全部参与。

E-R 图用双矩形表示弱实体集，用双菱形表示标识联系，用虚下划线表示弱实体集的部分码，如图 4-17 所示。

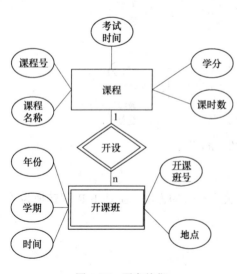

图 4-17　弱实体集

3．概念结构设计

该案例的 E-R 图如图 4-18 所示，因为同一课程的所有开课班安排在相同时间考试，所以考试时间应作为课程的属性，而不是开课班的属性。

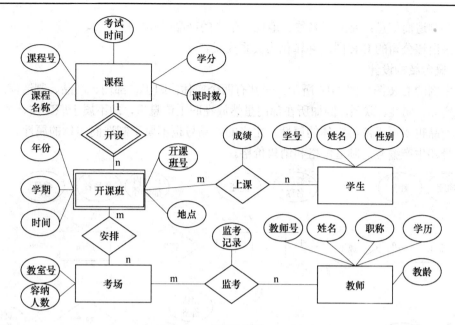

图 4-18 考场安排的 E-R 图

4. 逻辑结构设计

根据逻辑结构设计中实体、属性和联系转换为关系模式的方法，上述 E-R 图转换为关系模式如下所示：

- 课程信息表（<u>课程号</u>，课程名称，学分，课时数，考试时间）
- 开课班信息表（<u>课程号，开课班号</u>，年份，学期，时间，地点）
- 考场信息表（<u>教室号</u>，容纳人数）
- 学生信息表（<u>学号</u>，姓名，性别，……）
- 教师信息表（<u>教师号</u>，姓名，职称，学历，教龄）
- 考场安排信息表（<u>教室号，课程号，开课班号</u>）
- 监考信息表（<u>教室号，教师号</u>，监考记录）
- 选课信息表（<u>学号，课程号，开课班号</u>，成绩）

📖 注意：关系模式开课班信息表和选课信息表关键字的确定，由主码和部分码共同构成。

对上述八个关系模式进行优化，由于都已经达到了 3NF，不需要再对其进行规范化处理。

4.7.3 销售公司的数据库设计

假定一个销售公司的数据库包含以下信息：

（1）职工信息：职工号、姓名、电话、地址和所在部门。

（2）部门信息：部门名、部门所有职工、经理和销售的产品。

（3）产品信息：产品名、制造商、价格、型号及产品内部编号。

（4）制造商信息：制造商名称、地址、生产的产品号和价格。

试画出该公司的 E-R 图，并转化为关系模式。

1．概念结构设计

该案例的 E-R 图如图 4-19 所示。一共有四个实体：职工、部门、产品、制造商。要注意区分实体、属性、联系，例如所在部门虽然放在职工信息里，却不属于职工实体的属性；销售的产品也不属于部门实体的属性；生产的产品号也不属于制造商实体的属性。商品有内部编号和生产编号，制造价格和销售价格。

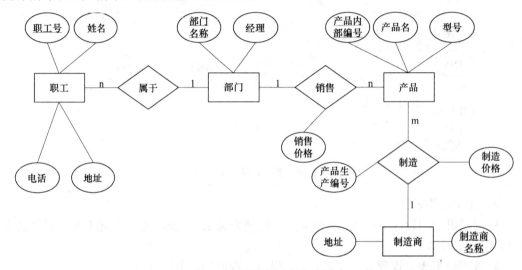

图 4-19　销售公司的 E-R 图

2．逻辑结构设计

根据逻辑结构设计中实体、属性和联系转换为关系模式的方法，上述 E-R 图转换为关系模式如下所示：

- 职工信息表（<u>职工号</u>，姓名，电话，地址，所在部门名称）
- 部门信息表（<u>部门名称</u>，经理）
- 产品信息表（<u>产品内部编号</u>，产品名，型号，销售部门名称，销售价格，制造商名称，产品生产编号，制造价格）
- 制造商信息表（<u>制造商名称</u>，地址）

对上述四个关系模式进行优化，由于都已经达到了 3NF，不需要再对其进行规范化处理。

4.7.4　交通违章处罚的数据库设计

试根据图 4-20 的内容，设计交通违章处罚数据库的 E-R 图并转化为关系模式，注意，一张违章单可能有多种处罚。

1．概念结构设计

该案例的 E-R 图如图 4-21 所示，一共有四个实体：被处罚人、车辆、警察和违章通知书。注意因为违章通知书本身有需要被描述的一些性质，所以违章通知书应该作为一个实体而不是属性存在。

交通违章通知书
通知书编号：WZ1100
姓名：XXX
驾驶执照号：XXXXXX
地址：XXXXXXXXXX
电话：XXXXXX
车牌照号：XXXXXX
型号：XXXXXX
生产厂家：XXXXXX
生产日期：XXXXXX
违章日期：XXXXXX
时间：XXXXXX
地点：XXXXXX
违章记载：XXXXXX
处罚方式：
警告□
罚款■
暂扣驾驶执照■
警察编号：XXXX
警察签字：XXXX
被处罚人签字：XXX

图 4-20 交通违章通知书的内容

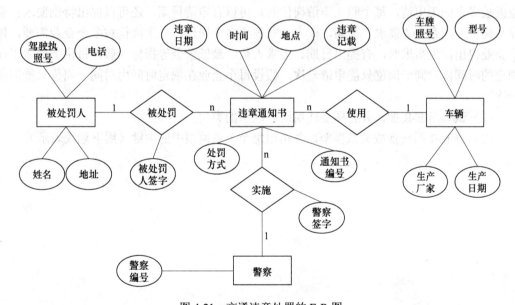

图 4-21 交通违章处罚的 E-R 图

2．逻辑结构设计

根据逻辑结构设计中实体、属性和联系转换为关系模式的方法，上述 E-R 图转换为关系模式如下所示：因为有多种处罚方式，注意处罚方式的转换方法。

- 被处罚人信息表（<u>驾驶执照号</u>，姓名，地址，电话）
- 车辆信息表（<u>车牌照号</u>，型号，生产厂家，生产日期）
- 警察信息表（<u>警察编号</u>）
- 违章处罚表（<u>通知书编号</u>，违章日期，时间，地点，违章记载，警告，罚款，暂扣

53

驾驶执照，警察签字，被处罚人签字，驾驶执照号，车牌照号，警察编号）

对上述四个关系模式进行优化，由于都已经达到了 3NF，不需要再对其进行规范化处理。

4.8　思考与练习

1．简答题

（1）简述数据库设计的基本步骤。

（2）简述关系模型优化的主要步骤。

2．数据库设计

某再就业信息管理数据库有 3 个实体集。一是"下岗职工"实体集，属性有：职工编号、姓名、性别、出生年月、工作类别、职称、工作年限、专业、学历；二是"企业"实体集，属性有：企业编号、企业名称、企业性质、联系人姓名、联系人电话；三是"岗位"实体集，属性有：岗位编号、岗位名称、学历要求、职称要求、工种、工作年限。

下岗职工与岗位之间存在"申请"联系，一个下岗职工可申请多个就职岗位，一个岗位能被多个职工申请，每个职工申请岗位时，可以有申请日期，还可以提出特别要求；企业与岗位之间存在"需求"关系，一个企业需要多个岗位，一个岗位被多个企业需要，每个企业提出岗位需求时，有提出日期、需求人数、最低薪金等指标（假设每位下岗职工在规定的时间内对同一岗位只能申请一次，假设每个企业在规定时间内对同一岗位只能需求一次）。

（1）试画出 E-R 图，并在图上注明码、联系的类型。

（2）将 E-R 图转换成关系模型，并指出每个关系模型中的主键（用下划线表示）。

第5章 关系数据库设计实例——网上书店

随着 Internet 和 Web 技术的迅速发展,电子商务已经被广大互联网用户所接受。作为图书销售和电子商务相结合的产物,网上书店以其较低的销售成本、交易活动不受时空限制和信息传递迅速灵活等优势,已受到广大读者的青睐。

5.1 需求分析

网上书店是以网站作为交易平台,将图书的基本信息通过网站发布到 Web 中。然后客户可通过 Web 查看图书信息并提交订单,实现图书的在线订购。订单提交后,书店职员将对订单进行及时处理,以保证客户能在最快时间内收到图书。一个基于 B2C 的网上书店需求描述如下。

该网上书店支持四类用户:游客、会员、职员和系统管理员。游客可以随意浏览图书及网站信息,但只有在注册为网站会员后才能在线购书。游客注册成功后即为普通会员,当其购书金额达到一定数量时可升级为金牌、银牌、铜牌等不同等级的 VIP 会员,以享受相应的优惠折扣。会员登录系统后,可进行的操作是:通过不同方式(如按书名、作者、出版社等)查询书籍信息、网上订书、在线支付、订单查询与修改、发布留言等。书店工作人员以职员身份注册登录后,可进行的主要操作有:维护与发布图书信息、处理订单、安排图书配送和处理退货等。系统管理员的主要职责是维护注册会员和职员的信息。由于网上书店功能比较复杂,本设计不考虑网上支付和退货功能。

5.1.1 业务需求及处理流程

业务需求分析是根据现实世界对象需求,描述应用的具体业务处理流程,并分析哪些业务是计算机可以完成的,哪些业务是不能由计算机完成的。

网上书店主要业务包括:图书信息发布与查询、订购图书、订单处理、图书配送等。本节只给出网上书店的核心业务"订单生成"和"订单受理"的处理流程,如图 5-1 所示。

5.1.2 功能需求分析

功能需求分析是描述系统应提供的功能和服务。根据上述需求描述和业务流程,通过与网上书店人员沟通与交流,网上书店主要功能包括以下几个方面。

1. 注册管理

- 会员注册。会员注册时要求填写基本信息,包括姓名、登录密码、性别、出生年月、地址、邮政编码、电话和电子邮箱等信息。系统检查所有信息填写正确后会提示会员注册成功,并返回会员编号。

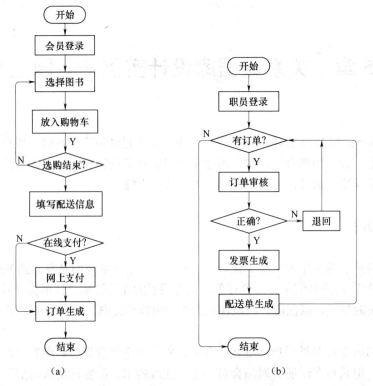

图 5-1　网上书店的主要业务流程

(a) 订单生成；(b) 订单受理

- 职员注册。书店工作人员以职员身份注册并填写基本信息，包括姓名、登录密码、性别、出生年月、部门、职务、薪水、住址、电话和电子邮箱等信息。系统检查所有信息填写正确后提示注册成功，并返回职员编号。

2. **图书管理**

- 增加图书信息。当有新书发布时，书店职员负责添加和发布图书信息，包括 ISBN、书名、作者、版次、类别、出版社、出版年份、定价、售价、内容简介和目录等。

- 图书信息查询。网站需提供多种快捷方便方式进行图书检索。如既可输入指定关键词进行简单查询，也可根据 ISBN、书名、作者、出版社、出版年份等单一或组合条件进行查询。

- 图书信息更新及删除。图书信息发布后，职员可随时更新和删除图书信息。

3. **在线订书**

会员登录网站后，需将订购的图书放入购物车并填写购买数量。购物车内的图书可以随意增加、删除和修改数量，并能即时统计购物车内的图书总价格。

选书完成后，会员还需填写配送信息、发票单位及支付方式（在线支付或货到付款）。配送信息默认为会员注册时填写的基本信息，也可增加新的配送信息，包括收货人、送货地址、邮政编码及联系电话等。确认所填写的信息无误后，则提交生成订单。每张订单要求记录订单号（按时间顺序自动生成）、客户号、订书日期、订书总金额、收货人、送货地址、邮政编码、联系电话、付款方式、订单状态、订单明细（包括书号、书名、数量、价格）和发票单位等。如果选择在线支付方式，还需要进行网上结算。若余额不足，则订单取消（本设计不考虑网上支付）。

4. 订单管理

- 订单查询。订单提交后，会员可随时查询订单的最新状态以及全部历史订单。
- 订单取消及更新。订单未审核前，允许会员取消及更新订单信息。
- 订单受理。订单生成后，职员对订单进行审核。如发现订单信息填写不完整，则退回用户重新填写；如正确无误，则安排配送。

5. 配送管理

一张订单所订购的图书可拆分成不同的配送单发货。每张配送单包括配送单编号、收货人、送货地址、邮政编码、联系电话、送书明细（包括书名及数量）。并填写一张发票，发票内容包括发票单位和总金额等。

6. 出版社管理

网上书店直接从出版社采购图书。为方便查询出版社信息，要求保存和维护出版社信息，包括出版社编号、出版社名称、出版社地址、邮政编码、联系人、联系电话、传真和电子邮箱等信息。

7. 配送公司管理

网上书店通过配送公司将图书送到会员手中。为方便查询配送公司信息，要求保存和维护配送公司信息，包括公司编号、公司名称、公司地址、邮政编码、联系人、联系电话、传真和电子邮箱等信息。

8. 留言管理

- 发布留言。会员可在网站发表留言或评论。留言需记录留言人、留言内容、发布时间等信息。
- 回复留言。书店职员可回复留言，并记录回复人、回复时间及回复内容等。

9. 用户管理

- 会员升级。系统可对会员进行分级，即当会员购书总金额达到一定的数额后成为不同级别的用户，以享受相应的优惠折扣。
- 会员信息维护。系统管理员及会员可修改、删除和更新会员信息。
- 职员信息维护。系统管理员及职员可修改、删除和更新职员信息。

5.1.3 业务规则分析

业务规则分析主要是分析数据之间的约束以及数据库约束。基于上述功能需求，通过进一步了解，网上书店业务规则如下：

（1）所有用户均可搜索图书信息，但只有注册会员才能购书；只有注册职员才能维护图书信息及受理订单。

（2）每位会员由会员编号唯一标识，会员编号由系统按时间顺序自动生成。

（3）每位职员由职员编号唯一标识，职员编号也是由系统按时间顺序自动生成。

（4）当普通会员购书总额达到 10000 元，即升级为三级 VIP 会员，享受售价 9.5 折优惠；购书总额达到 20000 元，升级为二级 VIP 会员，享受售价 9 折优惠；购书总额达到 30000 元，升级为一级 VIP 会员，享受售价 8.5 折优惠。

（5）ISBN 是图书的唯一标识。系统需记录每种图书的当前库存数量，当库存量低于某一阈值，则提示补货。

（6）选购的图书必须放在购物车后才能生成订单。

（7）每个订单用订单编号唯一标识。订单编号由系统按时间顺序生成，后提交的订单具有更大的订单号。

（8）订单需记录当前状态，包括未审核、已审核、已处理等状态。

（9）同一订单可订购多种图书，且订购数量可以不同。因此一张订单可包括多个书目明细，包括 ISBN、图书名称、订购数量、订购价格。订单中的每种图书需记录状态，包括未送货、已送货和已签收等状态。

（10）订单受理前允许会员删除所选图书，修改图书数量、配送信息和发票单位，甚至取消订单。但订单审核通过后，不允许再做任何修改。

（11）订单中的图书采取先到先发货原则。若一订单中的图书未同时有货，可拆分成不同的配送单发货；但是，一订单中的每种图书只有库存充足时才能安排配送。

（12）配送单由配送单编号标识，每个订单的配送单编号由订单编号加上系统按时间顺序生成的流水号组成。

（13）每张配送单对应一张发票。发票用发票的实际编号唯一标识。

（14）当订单中的某种图书送到后，则更新该图书的状态为"已签收"。当订单内全部图书状态为"已签收"，则更新该订单状态为"已处理"。

（15）一种图书只由一个出版社出版，而一个出版社可出版多种图书。

（16）一个会员可发表多条留言，一个职员可回复多条留言。

完成需求分析后，下一步是根据上述分析结果设计数据库的概念模型，即 E-R 模型，包括确定实体、属性及联系。

5.2　概念结构设计

概念结构设计的步骤是确定各实体及属性，形成各分 E-R 图；确定联系及对分 E-R 图进行集成；最后是审核初步 E-R 图并进行优化。

5.2.1　确定实体及建立分 E-R 图

由上节分析可知，网上书店出现的"名词"主要有：会员、职员、图书、出版社、配送公司、留言、购物车、订单、配送单和发票等。那么哪些名词需要建模为实体呢？

显然，会员、职员、图书、出版社、配送公司、留言等都具有一组属性且部分属性能唯一标识每个实体，因此可直接建模为实体。

购物车用于临时存放购物信息，包括选购图书的书号、名称、订购数量和订购价格。订单成功提交后，购物车中的信息将全部存放到订单中去。当客户放弃购书不生成订单时，购物车信息不需保留。由于购物车中的信息无需查询，故不必建模为一个实体。

订单是网上书店的一个重要"名词"，用于记录一次订书的全部信息。按上述规则，由订单号唯一标识不同订单，故订单可建模为一个实体。但另一方面，订单又反映了会员与图书之间的一种"订书"关系，反映了"谁什么时候订购了什么图书，订购了多少"等信息，它对会员和图书具有一定的依赖关系。因此，直观上，将订单建模为图书和会员之间的联系更为合适。

同理，也可将配送单建模为配送公司和图书之间的联系。

发票是提供给会员的购书凭证，每张发票有唯一的发票号，并具有一组属性，故发票可建模为实体。

综上所述，会员、职员、图书、出版社、配送公司、留言、发票等名词可建模为实体。

确定了实体后，接下来就是确定各实体的属性及码。

确定属性的总原则是：只需要将那些与应用有关的特征建模为实体的属性，对于网上书店，图书的重量、印刷单位等信息不必建模为图书实体的属性。

根据上述原则，各实体的 E-R 图分别设计如下：

（1）职员实体。属性有：职员编号、登录密码、姓名、性别、出生年月、部门、职务、薪水、住址、电话、email。图 5-2 是职员实体的 E-R 图。

（2）会员实体。属性有：会员编号、登录密码、姓名、性别、出生年月、电话、email、地址、邮编、购书总额、会员等级、享受折扣。会员实体的 E-R 图如图 5-3 所示。

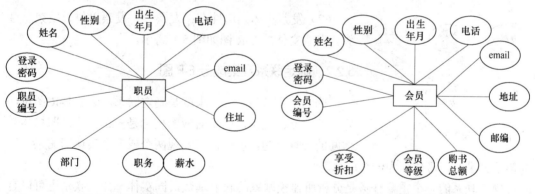

图 5-2　职员实体的 E-R 图　　　　图 5-3　会员实体的 E-R 图

（3）图书实体。属性有：ISBN、书名、作者、出版年份、版次、类别、库存数量、单价、售价、内容简介、目录。图书实体的 E-R 图如图 5-4 所示。

（4）出版社实体。属性有：出版社编号、出版社名称、地址、邮编、联系人、联系电话、传真、email。出版社实体的 E-R 图如图 5-5 所示。

（5）配送公司实体。属性有：公司编号、公司名称、公司地址、邮编、联系人、电话、传真、email。配送公司实体 E-R 图如图 5-6 所示。

（6）留言实体。属性有：留言编号、内容和发布时间。留言实体的 E-R 图如图 5-7 所示。

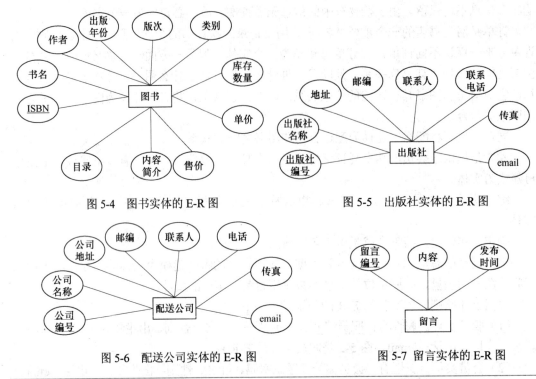

图 5-4　图书实体的 E-R 图　　　　　　图 5-5　出版社实体的 E-R 图

图 5-6　配送公司实体的 E-R 图　　　　　　图 5-7　留言实体的 E-R 图

　　📖　留言人和回复人等信息要通过建立会员与留言、职员与留言之间的联系解决。

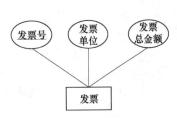

图 5-8　发票实体的 E-R 图

　　（7）发票实体。属性有：发票号、发票单位、发票总金额。发票实体的 E-R 图如图 5-8 所示。

5.2.2　确定联系及集成分 E-R 图

　　确定了实体后，接下来就是确定联系，这是 E-R 图设计好坏的关键。通常，联系对应的概念是一个动作，即描述实体间的一种行为。所以，当发现两个或多个实体间的某种行为需要记录时，可建模为一个联系。

　　确定联系的一个重要任务是分析所建模联系的映射基数，同实体一样，联系也可以有自己的描述属性。

　　基于上节设计得到的实体，可确定如下联系：

　　（1）会员和图书之间的"订书"联系。它是一个多对多的联系，其描述属性有：订单号、订书日期、订购数量、订书总金额、订单状态、收货人、送货地址、邮政编码、联系电话、付款方式、是否付款和发票单位。

　　（2）配送公司与图书之间的"配送"联系。它是多对多的联系，其描述属性有：配送单号和配送日期。

　　（3）出版社和图书之间的"供应"联系。它是一对多的联系。

　　（4）会员与留言之间的"发布"联系。它是一对多的联系，其描述属性是：发布日期。

（5）职员和留言之间的"回复"联系。它是一对多的联系，其描述属性有：回复日期和回复内容。

（6）发票和图书之间的"包含"联系。它是多对多的联系。

把上节所有分 E-R 图进行集成，得到初步的 E-R 图，如图 5-9 所示。注意，图中省略了实体的属性。

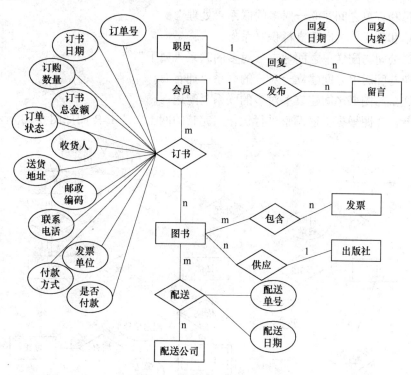

图 5-9　网上书店的总 E-R 图

5.2.3　优化初步 E-R 图

上节已经形成了初步的 E-R 图，仔细分析会发现该 E-R 图存在以下问题：

- 会员不能在不同订单里订购同一种图书。
- 配送公司不能在不同配送单中配送同一种书。
- 当一次订购多种图书时，联系订书存在大量的冗余。
- 未反映配送单对订单的依赖关系。
- 未发现配送单与发票之间的一对一联系。

因此可考虑将订单建模为实体，将配送单建模为依赖于订单的弱实体集。于是，订单实体的属性可确定为：订单号、订单日期、订单总金额、收货人、送货地址、邮编、联系电话、付款方式、是否付款、订单状态、发票单位。订单所涉及的图书和会员信息分别通过联系销售和生成反映。

配送单弱实体集的属性有配送单号和配送日期。配送单号是依赖于订单编号生成的流水号，不能唯一标识任一配送单。注意：真实的配送单还应包括图书的配送信息（如收货人、送货地址等），但由于配送信息已存储在订单实体中，根据信息只存储一次的原则，不需在配送单实体中增加配送信息。

根据新增的实体，联系也重新调整如下：

- 图书和订单之间建立多对多的联系"销售"。
- 会员和订单之间建立一对多的联系"生成"。
- 职员和订单之间建立一对多的联系"处理"。
- 订单和配送单之间建立标识联系集。
- 配送公司与配送单之间建立一对多的联系"属于"。
- 发票与配送单之间建立一对一的联系"拥有"。
- 配送单与图书之间建立多对多的联系"配送"。

对初步 E-R 图根据上述调整进行优化，完整的网上书店 E-R 图如图 5-10 所示。

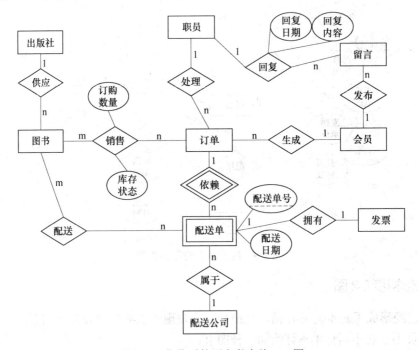

图 5-10　优化后的网上书店总 E-R 图

经检查，上述 E-R 图已基本包含了全部需求信息描述。但是仍然发现还存在一些需求在 E-R 图中没有描述出来，如会员的自动升级、图书库存数量低于一定数量时要提示补货、订单审核通过后会员不能删除订单等。这些需求不是 E-R 模型所能描述的，需要定义触发器来保证这些约束的满足。

5.3　逻辑结构设计

逻辑结构设计包括两步：由 E-R 图转换成关系模型和对关系模型进行优化。

5.3.1　E-R图转换成关系模型

设计出E-R图后，可根据2.3节给出的原则将E-R图转换为数据库模式。通常是每个实体（包括强和弱实体集）都对应一个关系表，联系则根据映射基数决定具体的转换方式。图5-10所示的E-R图可转换为如下的数据库模式。其中主键用粗体加下划线，外键用粗斜体以示区分。

（1）由职员实体转换的职员信息表。

职员信息表（**职员编号**，登录密码，姓名，性别，出生年月，部门，职务，薪水，住址，电话，email）

（2）由会员实体转换的会员信息表。

会员信息表（**会员编号**，登录密码，姓名，性别，出生年月，电话，email，地址，邮编，购书总额，会员等级，享受折扣）

（3）图书信息表。由图书实体和联系"供应"共同转换而来。由于"供应"是一对多的联系，因此可将"供应"合并到"多"方实体图书的关系模式中。

图书信息表（**ISBN**，书名，作者，出版年份，版次，类别，库存数量，单价，售价，内容简介，目录，出版社编号）

（4）由出版社实体转换的出版社信息表。

出版社信息表（**出版社编号**，名称，地址，邮编，联系人，联系电话，传真，email）

（5）留言表。由留言实体、联系"发布"和联系"回复"两个联系共同转换而来的。由于联系"发布"和联系"回复"都是一对多的联系，故都可以合并到留言表中。

留言表（**留言编号**，发布者编号，发布时间，留言内容，回复职员编号，回复时间，回复内容）

（6）订单信息表。由订单实体、联系"处理"和联系"生成"共同转换而来的。由于联系"处理"和联系"生成"都是一对多的联系，故都可合并到订单信息表中。

订单信息表（**订单编号**，订单日期，订单总金额，收货人，送货地址，邮编，联系电话，付款方式，是否付款，订单状态，发票单位，会员编号，员工编号）

（7）图书销售表。由多对多的联系"销售"转换而来的。

图书销售表（**订单编号，ISBN**，订购数量，库存状态）

（8）由配送公司实体转换的配送公司信息表。

配送公司信息表（**公司编号**，公司名称，地址，邮编，联系人，联系电话，传真，email）

（9）配送单信息表。由配送单弱实体集、联系"属于"和联系"拥有"共同转换而来的。由于联系"属于"是一对多的联系，联系"拥有"是一对一联系，故都可合并到配送单信息表中。

配送单信息表（**配送单号，订单编号，**配送日期，配送公司编号，发票编号）

（10）配送信息表。由联系"配送"转换而来的，由于联系"配送"是多对多的联系，不能与任一实体合并，故单独建立一个关系。

配送信息表（**配送单号，订单编号，ISBN**）

（11）由实体发票转换的发票信息表。

发票信息表（**发票编号**，发票单位，发票金额）

5.3.2　优化关系模型

通常，如果能仔细分析用户需求，并正确识别出所有的实体和联系，由 E-R 图生成的数据库模式往往不需要太多进一步的模式求精。然而，实体中的属性之间可能存在函数依赖，需要根据函数依赖理论将其规范化。

仔细检查 5.3.1 中得到的关系表，发现会员信息表中存在一个对非主属性的函数依赖关系（传递依赖），即：

会员信息表（<u>会员编号</u>，登录密码，姓名，性别，出生年月，电话，email，地址，邮编，购书总额，会员等级，享受折扣）

会员编号$\rightarrow$ 会员等级

会员等级$\rightarrow$ 享受折扣

会员编号 $\xrightarrow{\quad T \quad}$ 享受折扣

由此导致的问题是数据冗余，即每一个相同等级的会员都需要存放折扣信息，该关系不满足 3NF。解决的方法是对该关系模式进行分解，分解为以下两个关系模式。

会员信息表（<u>会员编号</u>，登录密码，姓名，性别，出生年月，电话，email，地址，邮编，购书总额，会员等级）

会员折扣（<u>会员等级</u>，享受折扣）

可以验证会员信息表和会员折扣都满足 3NF 的要求。

5.4　进一步思考

至此，给出了一个基本的网上书店的需求分析、概念结构设计（E-R 模型）和逻辑结构设计（关系模型）的全过程。但是，本实例未考虑网上结算与退货功能，请读者在上述设计的基础上，进一步考虑下列功能：

（1）增加客户退货功能，客户可在三包期内退货。

（2）增加网上结算功能，包括客户存款和结账付款。

（3）实现图书销售排行榜和查询畅销图书、滞销图书信息等功能。

第6章 SQL 语 言

结构化查询语言（SQL，Structured Query Language）是一种关系数据库的标准语言。它的主要功能包括：数据定义、数据查询、数据操纵和数据控制。

6.1 SQL 概述

SQL 是 1974 年由 Boyce 和 Chamberlin 提出的，并在 IBM 公司开发研制的关系数据库系统 System R 上实现。由于它功能丰富、语言简洁、易学易用，所以深受计算机用户和计算机工业界的欢迎，同时也被各计算机公司和软件公司所采用。1986 年 10 月，美国国家标准局（ANSI）的数据库委员会 X3H2 批准了将 SQL 作为关系数据库语言的美国标准。此后不久，国际标准化组织（ISO）也做出了同样的决定。

在 ANSI 和 ISO 做出将 SQL 定为国际标准的决定后，对关系数据库技术的发展和推广产生了非常深远的影响。由于各个数据库产品厂家纷纷推出了自己支持的 SQL 软件或与 SQL 接口的软件，使得不管是哪一种计算机，也无论是哪种数据库系统都采用 SQL 作为共同的数据库存取语言和标准接口成为可能。这样就使未来的数据库世界有可能连接为一个统一的整体。这个前景自然是十分诱人和意义重大的。

此外，SQL 的影响也超出了数据库的领域，在其他领域也得到了极大重视并被采用。例如，把 SQL 的检索功能和图形功能、软件工程工具、软件开发工具相结合，开发出功能更强的产品。

由此可见，在未来一段时间里，SQL 都将是关系数据库中的主流语言。而且在软件工程、人工智能等领域，也具有很大潜力。

SQL 从功能上可以分为数据查询、数据操纵、数据定义和数据控制四个部分。

6.1.1 SQL 的特点

SQL 的核心部分相当于关系代数，但又有关系代数所没有的许多特点，如聚集、数据库更新等。它是一个综合的、通用的、功能极强的关系数据库语言，其特点如下所述。

（1）非过程化语言。SQL 是一个非过程化的语言，因为它一次处理一个记录，对数据提供自动导航。SQL 允许用户在高层的数据结构上工作，而不对单个记录进行操作，可操作记录集。所有 SQL 语句接受集合作为输入，返回集合作为输出。SQL 的集合特性允许一条 SQL 语句的结果作为另一条 SQL 语句的输入。SQL 不要求用户指定对数据的存放方法。这种特性使用户更易集中精力于要得到的结果。所有 SQL 语句使用查询优化器，它是 RDBMS 的一部分，由它决定对指定数据存取的最快速度的手段。查询优化器知道存在什么索引，哪儿使用合适，而用户从不需要知道表是否有索引，表有什么类型的索引。

（2）统一的语言。SQL 可用于所有用户的 DB 活动模型，包括系统管理员、数据库管理员、应用程序员、决策支持系统人员及许多其他类型的终端用户。基本的 SQL 命令只需很少时间就能学会，最高级的命令在几天内便可掌握。SQL 为许多任务提供了命令，包括：

- 查询数据。
- 在表中插入、修改和删除记录。
- 建立、修改和删除数据对象。
- 控制对数据和数据对象的存取。
- 保证数据库一致性和完整性。

以前的数据库管理系统为上述各类操作提供单独的语言，而 SQL 将全部任务统一在一种语言中。

（3）语言简洁，易学易用。SQL 功能很强，设计也很巧妙，语言十分简洁。它的核心功能只用了 9 个动词，而且它的语法很简单，接近英语口语，因此容易学习，容易使用。

6.1.2　SQL 对数据库模式的支持

SQL 支持数据库的三级模式结构，如图 6-1 所示。

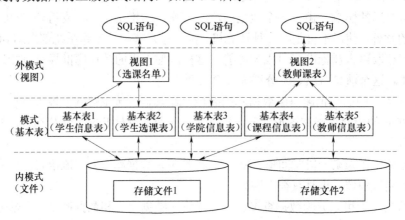

图 6-1　SQL 支持的关系数据库模式

从图 6-1 可以看出：

（1）外模式对应于视图和部分基本表，模式对应于基本表，内模式对应于存储文件。

（2）用户可以用 SQL 对视图和基本表进行查询等操作。从用户角度，视图和基本表都是一样的，都是关系，而存储文件对用户来说是透明的。

（3）视图是从一个或几个基本表导出的表，它本身不独立存储在数据库中。也就是说，数据库中只有视图的定义，不存储对应的数据，这些数据仍存放在导出视图的数据表中。实际上，视图是一个虚表。

（4）基本表是本身独立存在的表。每个表对应于一个存储文件，一个表可以带若干个索引，索引存放在存储文件中。

SQL 支持关系数据库三级模式的具体实例如图 6-2 所示。

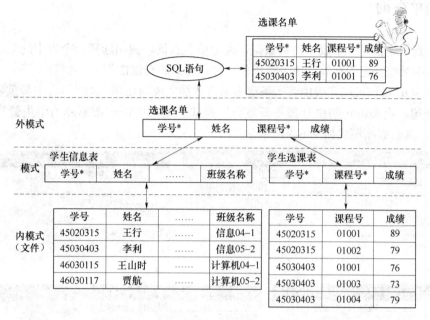

图 6-2 SQL 支持的关系数据库模式实例

6.1.3 SQL 的组成

SQL 从功能上可以分为数据查询、数据操纵、数据定义和数据控制四个部分。SQL 的组成如下所示：

- 数据查询：SELECT
- 数据定义：CREATE、DROP、ALTER
- 数据操纵：INSERT、UPDATE、DELETE
- 数据控制：GRANT、REVOKE

SQL 语句的结构如图 6-3 所示。

```
                        如果选全部列，
                        用"*"表示
SELECT    [ALL|DISTINCT] <目标列>     ⟹ 投影
FORM      <基本表名或视图名>            ⟹ 数据源
[WHERE    <条件表达式>]               ⟹ 选择
[GROUP BY  <列名1>]   [HAVING <条件表达式>] ⟹ 分组
ORDER  BY  <列名2> [ASC|DESC] ⟹ 排序
```

图 6-3 SQL 语句的组成

在 SQL 语句中可以实现选择、投影、分组和排序运算。例如一个女程序员的征婚信息如图 6-4 所示。

```
SELECT  *  FROM 男人们 WHERE

（未婚=true or 离异=true）     and
同性恋=false and   穷光蛋=false and
有房=true and      有车=true and

条件 in

（'细心', '温柔', '体贴', '贤惠', '会做家务',
'会做饭', '会逛街买东西', '会浪漫', '活泼', '帅气',
'绅士', '大度', '气质', '智慧', '最好还能带孩子'）
```

图 6-4 女程序员的征婚信息

这个例子虽然带有一定的幽默性，却是一个合法的 SQL 语句。女程序员要从表"男人们"中筛选出符合条件的记录，并把该记录的全部内容显示出来。筛选条件有关于婚姻状况（不能重婚）、性取向（不能是同性恋）、经济状况（不能是穷光蛋）、置业状况（要有房有车），上述条件要同时满足，还要满足集合条件中的至少一种。

67

6.2　简单查询

简单查询是指从一个表中查询数据，也称单表查询。例如选择一个表中的某些列，选择一个表中某些特定的行等。单表查询是一种最简单的查询操作。

一条 SQL 语句可以完成由若干条宿主语言才能完成的功能。SQL 语言中最重要的部分是查询语句，查询语句的执行离不开数据库模式。本章所用的数据库为学生管理数据库 ScoreDB，其数据库模式如图 6-5 所示。

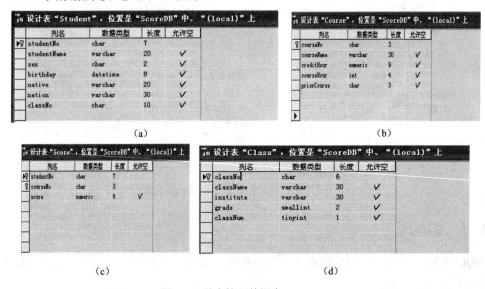

图 6-5　学生管理数据库 ScoreDB

（a）学生信息表 Student；（b）课程信息表 Course；（c）成绩表 Score；（d）班级信息表 Class

SQL 查询示例如下。

Select institute 所属学院，classNo 班级编号，className 班级名称 from Class

查询结果如图 6-6 所示。

SQL 语法要注意以下规范：

- SQL 语句不区分大小写。
- 所有标点符号要在英文状态下输入。
- 单词之间要有空格。

6.2.1　投影运算

SQL 查询语句的基本结构包括 3 个子句：SELECT、FROM 和 WHERE，其中：

- SELECT 子句对应于关系代数中的投影运算，用来指定查询结果中所需要的属性或表达式。
- FROM 语句对应于关系代数中的笛卡尔积，用来给出查询所涉及的数据源，数据源可以是基本表、视图或查询表。

- WHERE 子句对应于关系代数中的选择运算,用来指定查询结果元组所需要满足的选择条件。

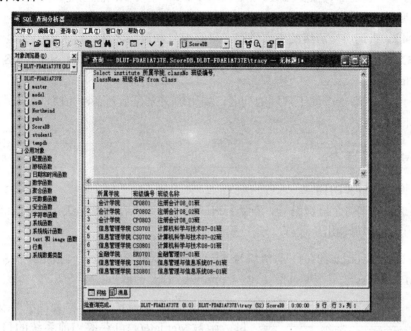

图 6-6 SQL 查询示例及结果

对于 SQL 语句,SELECT 和 FROM 子句是必需的,其他是可选的。投影运算时不消除重复元组,如果要消除重复元组,必须使用专门的关键字 DISTINCT。

1. 查询全部列

【例 6-1】 查询所有班级的详细记录。

SELECT * FROM Class

此语句无条件地将 Class 表中的全部信息都查询出来,也称为全表查询,这是最简单的一种查询。

2. 查询指定列

【例 6-2】 查询所有班级的班级编号、班级名称和所属学院。

SELECT classNo,className,institute FROM Class

<目标列>中的各列由逗号隔开,它们的顺序可以与表中的顺序不一致,即用户查询时可以根据需要更改各列的显示顺序。

3. 消除查询结果中指定的行

SQL 查询默认是不消除重复元组,因为消除重复元组要消耗系统资源。如果需要消除重复元组,可以使用 DISTINCT 关键字。

【例 6-3】 查询所有学院的名称。

SELECT DISTINCT institute FROM Class

在此例中如不加 DISTINCT 短语，就默认为 ALL，查询结果中会出现很多重复的学院名称，因为每个学院都有很多班级。加入 DISTINCT 就可以消除重复的行。

4. 给属性列起别名

【例 6-4】 查询所有班级的所属学院、班级编号和班级名称，要求用中文显示列名。

SELECT institute AS 所属学院，class No AS 班级编号，class Name AS 班级名称 FROM Class

可以为属性列取一个便于理解的列名，如用中文来显示列名，为属性列取名特别适合那些经过计算的列。

📖 AS 也可以省略。

5. 查询经过计算的列

【例 6-5】 查询每个班级编号、班级名称以及该班级现在为几年级，并将班级编号中大写字母改为小写字母输出。

SELECT lower(classNo) 班级编号, className, year (getdate ( ))-grade AS 年级 FROM Class

	班级编号	className	年级
1	cp0801	注册会计08_01班	2
2	cp0802	注册会计08_02班	2
3	cp0803	注册会计08_03班	2
4	cs0701	计算机科学与技术07-01班	3
5	cs0702	计算机科学与技术07-02班	3
6	cs0801	计算机科学与技术08-01班	2
7	er0701	金融管理07-01班	3
8	is0701	信息管理与信息系统07-01班	3
9	is0801	信息管理与信息系统08-01班	2

图 6-7 ［例 6-5］查询结果

其中，函数 lower( )表示将大写字母改为小写字母，函数 getdate( )可获取当前系统的日期，函数 year( )用于提取日期中的年份，其查询结果如图 6-7 所示。

6.2.2 选择运算

WHERE 子句可以实现关系代数中的选择运算，用于查询满足选择条件的元组，这是查询中涉及最多的一类查询。WHERE 子句中常用的查询条件如下所示。

- 比较运算：= >= > < <= <>（或!=）
- 范围查询：BETWEEN…AND，NOT BETWEEN… AND
- 集合查询：IN，NOT IN
- 空值查询：IS NULL，IS NOT NULL
- 字符匹配查询：LIKE，NOT LIKE
- 逻辑查询：AND，OR，NOT

1. 比较运算

【例 6-6】 查询 2007 级的班级编号、班级名称和所属学院。

SELECT class No，class Name，institute FROM Class WHERE grade=2007

【例 6-7】 在学生 Student 表中查询年龄大于或等于 19 岁的同学学号、姓名和出生日期。

SELECT student No，student Name，birthday FROM Student
WHERE year(getdate( ))-year(birthday)>=19

📖 注意年龄的表示方法。

2. 范围查询

BETWEEN...AND 可用于查询属性值在某一个范围内的元组，NOT BETWEEN...AND 可用于查询属性值不在某一个范围内的元组。BETWEEN 后是属性的下限值，AND 后是属性的上限值。

【例 6-8】 在选课 Score 表中查询成绩在 80～90 之间的同学学号、课程号和成绩。

SELECT   studentNo,courseNo,score   FROM   Score
WHERE   score   BETWEEN   80   AND   90

3. 集合查询

IN 可用于查询属性值在某个集合内的元组，NOT IN 可用于查询属性值不在某一个集合内的元组。IN 后面是集合，也可以是查询出来的元组的集合。

【例 6-9】 在选课 Score 表中查询选修了 001、005 或 003 课程同学的学号、课程号和成绩。

SELECT   studentNo,courseNo,score   FROM   Score
WHERE   courseNo   IN('001','005','003')

📖 该查询也可以使用逻辑运算 OR 实现。

4. 空值查询

SQL 支持空值运算，空值表示未知或不确定的值，空值表示为 NULL。IS NULL 可用于查询属性值为空值的元组；IS NOT NULL 可用于查询属性值不为空值的元组。这里的 IS 不能用 "=" 替代。

【例 6-10】 在课程 Course 表中查询先修课程为空值的课程信息。

SELECT   *   FROM   Course   WHERE   priorCourse   IS   NULL

【例 6-11】 在课程 Course 表中查询有先修课程的课程信息。

SELECT   *   FROM   Course   WHERE   priorCourse   IS   NOT NULL

5. 字符匹配查询

对于字符型数据，LIKE 可用于字符匹配查询。%表示任意长度的字符串，如 ab%zhang 表示以 ab 开头，以 zhang 结束，中间可以是任意一个字符的字符串。

_（下划线）表示任意一个字符。如 ab_表示 ab 开头 3 个字符的字符串，第 3 个字符为任意字符。匹配字符串要用一对单引号括起来。

【例 6-12】 在班级 Class 表中查询班级名称中含有会计的班级信息。

SELECT   *   FROM   Class WHERE   className   LIKE   '%会计%'

【例 6-13】 在学生 Student 表中查询所有姓王且全名为 3 个汉字的同学学号和姓名。

SELECT   studentNo,studentName   FROM   Student   WHERE   studentName   like   '王__'

【例 6-14】 在班级 Class 表中查询班级名称中含有 "08_" 的班级名称。

SELECT className FROM Class WHERE className like '%08#_%' ESCAPE '#'

> escape '#' 表示 '#' 为换码字符，跟在 '#' 后面的下划线不是通配符，是普通符号。

6. 逻辑查询

SQL 提供了复合条件的查询，使用 AND、OR 和 NOT 逻辑运算符分别实现逻辑与、逻辑或和逻辑非运算。

【例 6-15】 在选课 Score 表中查询选修了 001、005 或 003 课程的同学学号、课程号和相应成绩。

SELECT studentNo，courseNo，score FROM Score
WHERE courseNo='001' OR courseNo='003' OR courseNo='005'

> 在逻辑运算中，不可以对同一个属性进行逻辑 "与" 的等值运算。例如，如果要在选课 Score 表中查询同时选修了 001 和 002 课程的同学的选课信息，如下查询是错误的，得不到结果。

SELECT studentNo，courseNo，score FROM Score
WHERE courseNo='001' AND courseNo='003' AND courseNo='005'

【例 6-16】 在 Student 表中查询 1991 年出生且民族为汉族的同学学号、姓名、出生日期。

SELECT studentNo，studentName，birthday FROM Student
WHERE year (birthday) =1991 and nation='汉族'

6.2.3 排序运算

SQL 支持排序运算，通过使用 ORDER BY 子句实现。

【例 6-17】 在学生 Student 表中查询女学生的学号、姓名、所属班级编号和出生日期，并按班级编号的升序、出生日期的月份降序排序输出。

SELECT studentNo，studentName，classNo，birthday
FROM Student WHERE sex='女'
ORDER by classNo, month (birthday) DESC

其中 month ( )函数表示提取日期表达式的月份。

6.2.4 查询表

SQL 中 FROM 子句后面可以是基本关系、视图，还可以是查询表。

【例 6-18】 查询 1991 年出生的女同学基本信息。

SELECT * FROM (SELECT * FROM Student WHERE sex='女') as a

WHERE year (birthday) =1991

该查询在 FROM 子句后是一个查询表，表示对该查询的查询结果—查询表进行查询，必须为查询表取一个名称（该名称称为元组变量），如使用 AS a 取名为 a，AS 也可以省略。

该查询等价于下面的查询：

SELECT * FROM Student WHERE year (birthday) =1991 AND sex='女'

6.3 连接查询

前面的查询实例都是针对一个关系进行操作，而在实际应用中，往往会涉及多个关系的查询，这时需要用到连接运算或子查询，本节介绍连接运算。

连接运算是关系数据库使用最广泛的一种运算，包括等值连接、自然连接、非等值连接、自表连接和外连接等。

6.3.1 等值连接

等值与非等值连接运算是在 WHERE 子句中加入连接多个关系的连接条件，其格式为：

表名 1.列名 1 连接运算符 表名 2.列名 2

当连接运算符为等号"="时，称为等值连接；使用其他运算符时，称为非等值连接。若在等值连接中把目标列中重复的属性列去掉则为自然连接。

【例 6-19】 查询每个学生及其选修课程的情况。

SELECT student.*, score.*

FROM student, score

WHERE student.studentNo = Score.studentNo

这两个表之间的联系是通过公共属性 studentNo 实现的。连接运算中有两种特殊情况，一种是自然连接，另一种为广义笛卡尔积。广义笛卡尔积是不带连接谓词的连接，两个表的广义笛卡尔积即是两表中元组的交叉乘积，其连接的结果会产生一些没有意义的元组，所以这种运算实际很少使用。

【例 6-20】 查找会计学院全体同学的学号、姓名、籍贯、班级编号和所在班级名称。

分析：

- 该查询的结果是学生的学号、姓名、籍贯、班级编号和所在的班级名称，在 SELECT 子句中必须包含这些属性。
- 由于班级名称和所属学院来自班级信息表 Class，学号、姓名、籍贯、班级编号来自学生信息表 Student，因此 FROM 子句必须包含 Class 表和 Student 表。
- 由于班级编号 classNo 既是 Class 表的主键，又是 Student 表的外键，所以在 WHERE 子句中必须包含连接条件：Student.classNo=Class.classNo。
- 本查询要查询会计学院的学生信息，所以在 WHERE 子句中要包含选择条件 institute='会计学院'

- 在连接操作中，如果涉及多个表的相同属性名，必须在相同的属性名前加上表名加以区分，例如 Student.classNo，Class.classNo

本查询的 SQL 语句为：

SELECT　studentNo, studentName, native, Student.classNo, className

FROM　Student, Class

WHERE　Student.classNo=Class.classNo and institute='会计学院'

为了简化，可为参与连接的表取别名，这样需要引用表时直接引用表的别名就可以了。对于多个表中的不同属性名，可以不在属性名前加表名。上述 SQL 语句可改写为：

SELECT　studentNo, studentName, native, b.classNo, className

FROM　Student AS　a, Class AS　b

WHERE　a.classNo=b.classNo　AND　institute='会计学院'

【例 6-21】　查找选修了课程名称为"计算机原理"的同学学号、姓名。

分析：

- 该查询的结果是学生的学号、姓名，在 SELECT 子句中必须包含这些属性。
- 由于学生的学号、姓名来自 Student 表，课程名称在 Course 表，因此 FROM 子句必须包含 Student 表和 Course 表，由于 Student 表和 Course 表需要通过 Score 表联系起来，因此 FROM 子句还必须包含 Score 表。
- 由于课程号既是 Course 表的主键，又是 Score 表的外键，这两个表的连接条件是课程号相等；学号既是 Student 表的主键，又是 Score 表的外键，这两个表的连接条件是学号相等。所以在 WHERE 子句中涉及 3 个表的连接，其连接条件为：
- Course. courseNo=Score.courseNo

  AND　Score. studentNo=Student.studentNo
- 本查询要查询选修了课程名称为"计算机原理"的学生信息，所以在 WHERE 子句中要包含选择条件 CourseName='计算机原理'

本查询语句为：

SELECT　　a.studentNo，studentName

FROM　　Student a，Course b，Score c

WHERE　　a.studentNo=c.studentNo　AND

　　　　　b.courseNo=c.courseNo　　AND

　　　　　b.courseName='计算机原理'

6.3.2　自表连接

若某个表与自己进行连接，称为自表连接，自表连接使用得也比较多。

【例 6-22】　查找同时选修了编号为 001 和 002 课程的同学学号、姓名、课程号和相应成绩，并按学号排序输出。

分析：

- 学生姓名在学生表中，因此 FROM 子句必须包含学生表 Student（取别名 a）。
- 可以考虑有两个成绩表，分别记为 b 和 c，b 表用于查询选修了 001 课程的同学；c 表用于查询选修了 002 课程的同学，因此 FROM 语句中必须包含两个成绩表 b 和 c，且在 WHERE 子句中包含两个选择条件：

  b.courseNo='001'AND c.courseNo='002'
- 成绩表 b 和成绩表 c 在学号上做等值连接（自表连接），如果连接成功，表示该学生同时选修了 001 和 002 的课程；另一方面学生信息表与成绩表 b（或成绩表 c）在学号上做等值连接。所以 WHERE 子句需要包含两个连接条件：

  b.studentNo=c.studnetNo AND a.studentNo=b.studentNo

本查询语句为：

SELECT   a.studentNo, studentName, b.courseNo, b.score, c.courseNo, c.score

FROM   Student a, Score b, Score c

WHERE   b.courseNo='001'   AND   c.courseNo='002'

             AND   b.studentNo=c.studentNo

             AND   a.studentNo=b.studentNo

ORDER   BY   a.studentNo

在该查询中，FROM 语句后面包含了两个参与自表连接的成绩表 Score，必须定义元组变量加以区分，自表连接的条件是 b.studentNo=c.studentNo

6.3.3 外连接

在一般的连接中，只有满足连接条件的元组才能被检索出来，对于没有满足连接条件的元组是不会出现在查询结果中的。

【例 6-23】 查询每个班级的班级名称、所属学院、学生学号、学生姓名，按班级名称排序输出。

SELECT className, institute, studentNo, studentName

FROM   Class a, Student b

WHERE   a.classNo=b.classNo

ORDER   BY   className

查询结果如图 6-8 所示。

从查询结果中可以看出，班级表中的"注册会计 08_01 班"、"注册会计 08_03 班"和"金融管理 07_01 班"这三个班没有出现在查询结果中，原因是这三个班没有学生。

在实际应用中，往往需要将不满足连接条件的元组也被检索出来，只是在相应的位置用空值替代，这种查询称为外连接。外连接分为左外连接、右外连接和全外连接。

在 SQL 查询的 FROM 语句中，写在左边的表称为左关系，写在右边的表称为右关系。

1. **左外连接**

左外连接的连接结果中包含左关系中的所有元组，对于左关系中没有连接上的元组，其右关系中的相应属性用空值替代。

	className	institute	studentNo	studentName
1	计算机科学与技术07-01班	信息管理学院	0700001	李小勇
2	计算机科学与技术07-01班	信息管理学院	0700004	张可立
3	计算机科学与技术07-01班	信息管理学院	0700006	李湘东
4	计算机科学与技术07-01班	信息管理学院	0700008	李相东
5	计算机科学与技术07-02班	信息管理学院	0700005	王 红
6	计算机科学与技术08-01班	信息管理学院	0800001	李勇
7	计算机科学与技术08-01班	信息管理学院	0800004	张立
8	计算机科学与技术08-01班	信息管理学院	0800008	黄小红
9	计算机科学与技术08-01班	信息管理学院	0800012	王立红
10	信息管理与信息系统07-01班	信息管理学院	0700003	李红敏
11	信息管理与信息系统07-01班	信息管理学院	0700002	刘方晨
12	信息管理与信息系统08-01班	信息管理学院	0800007	李立
13	信息管理与信息系统08-01班	信息管理学院	0800002	刘晨
14	信息管理与信息系统08-01班	信息管理学院	0800003	王敏
15	信息管理与信息系统08-01班	信息管理学院	0800013	刘小华
16	信息管理与信息系统08-01班	信息管理学院	0800014	刘宏昊
17	信息管理与信息系统08-01班	信息管理学院	0900003	王小敏
18	注册会计08_02班	会计学院	0800015	吴敏
19	注册会计08_02班	会计学院	0800010	李宏冰
20	注册会计08_02班	会计学院	0800011	江宏吕
21	注册会计08_02班	会计学院	0800005	王红
22	注册会计08_02班	会计学院	0800006	李志强
23	注册会计08_02班	会计学院	0800009	黄勇

图 6-8　[例 6-23] 查询结果

【例 6-24】 使用左外连接查询每个班级的班级名称、所属学院、学生学号、学生姓名，按班级名称排序输出。

SELECT className，institute，studentNo，studentName

FROM　Class a　LEFT　OUTER　JOIN　Student b　ON a.classNo=b.classNo

ORDER　BY　className

查询结果如图 6-9 所示。

2. 右外连接

右外连接的连接结果包含右关系中的所有元组，对于右关系中没有连接上的元组，其左关系中的相应属性用空值替代。

【例 6-25】 使用右外连接查询每个班级的班级名称、所属学院、学生学号、学生姓名，按班级名称排序输出。

SELECT className, institute, studentNo, studentName

FROM　Student a　RIGHT　OUTER　JOIN　Class b

ON a.classNo=b.classNo

ORDER　BY　className

3. 全外连接

全外连接的连接结果中包含左右关系中的所有元组，对于左关系中没有连接上的元组，其右关系中的相应属性用空值替代；对于右关系中没有连接上的元组，其左关系中的相应属性用空值替代。

【例 6-26】 使用全外连接查询每个班级的班级名称、所属学院、学生学号、学生姓名，按班级名称排序输出。

	className	institute	studentNo	studentName
1	计算机科学与技术07-01班	信息管理学院	0700001	李小勇
2	计算机科学与技术07-01班	信息管理学院	0700004	张可立
3	计算机科学与技术07-01班	信息管理学院	0700006	李湘东
4	计算机科学与技术07-01班	信息管理学院	0700008	李相东
5	计算机科学与技术07-02班	信息管理学院	0700005	王 红
6	计算机科学与技术08-01班	信息管理学院	0800001	李勇
7	计算机科学与技术08-01班	信息管理学院	0800004	张立
8	计算机科学与技术08-01班	信息管理学院	0800008	黄小红
9	计算机科学与技术08-01班	信息管理学院	0800012	王立红
10	金融管理07-01班	金融学院	NULL	NULL
11	信息管理与信息系统07-01班	信息管理学院	0700002	刘方晨
12	信息管理与信息系统07-01班	信息管理学院	0700003	王红敏
13	信息管理与信息系统08-01班	信息管理学院	0800002	刘晨
14	信息管理与信息系统08-01班	信息管理学院	0800003	王敏
15	信息管理与信息系统08-01班	信息管理学院	0800007	李立
16	信息管理与信息系统08-01班	信息管理学院	0800013	刘小华
17	信息管理与信息系统08-01班	信息管理学院	0800014	刘宏昊
18	信息管理与信息系统08-01班	信息管理学院	0900003	王小敏
19	注册会计08_01班	会计学院	NULL	NULL
20	注册会计08_02班	会计学院	0800005	王红
21	注册会计08_02班	会计学院	0800006	李志强
22	注册会计08_02班	会计学院	0800009	黄勇
23	注册会计08_02班	会计学院	0800010	李宏冰
24	注册会计08_02班	会计学院	0800011	江宏吕
25	注册会计08_02班	会计学院	0800015	吴敏
26	注册会计08_03班	会计学院	NULL	NULL

图 6-9 ［例 6-24］查询结果

SELECT className, institute, studentNo, studentName
FROM   Class a FULL OUTER JOIN Student b ON a.classNo=b.classNo
ORDER BY className

6.4 嵌套查询

嵌套查询也称子查询。在 SQL 中，一个 SELECT-FROM-WHERE 语句可以成为一个查询块。有时根据需要可以把一个查询块嵌套在另一个查询块的 WHERE 子句中，称为嵌套查询。SQL 允许多层嵌套。

在嵌套查询中，上层查询称为外层查询、父查询或主查询，下层查询称为内查询或子查询。多层查询时，子查询还可再嵌套另一个子查询。

嵌套查询的求解步骤是由里向外处理。也就是说，先求解最内层的子查询，再求解其外层的查询，因为子查询的结果将是其父查询的查找条件。

6.4.1 使用 IN 的子查询

在嵌套查询中使用 IN 谓词是指：父查询与子查询之间用 IN 进行连接，通过 IN 来判断某个属性值是否在子查询的结果中。通常情况下，子查询的结果一般都是一个集合，所以谓词 IN 也是嵌套查询中最常使用的谓词。

【例 6-27】 查询选修过课程名中包含"系统"的课程的同学学号、姓名和班级编号。
分析：通过题目可知，本查询所求的属性分布在两个表（Student 表和 Course 表）中，可这两个表无法直接建立起关联，因此必须通过另外一个表 Score 建立起联系。所以本查询实际涉及三个表：Student、Score、Course。

所以求解此查询的具体步骤为：

- 先在 Course 表中找到名中包含"系统"课程对应的课程号 courseNo 集合（集合 1）。
- 在 Score 表中找到 courseNo 包含在集合 1 中的元组的 studentNo 集合（集合 2）。
- 最后在 Student 表中找到 studentNo 包含在集合 2 中的元组，取出 studentNo、studentName、classNo 属性列。

具体的 SQL 语句如下：

```
SELECT    studentNo, studentName, classNo FROM    Student
WHERE    studentNo    IN
                        (SELECT studentNo FROM Score    WHERE    courseNo IN
                                (SELECT    courseNo from Course    WHERE
                                    CourseName    like '%系统%')
                        )
```

从例题可以看出，查询涉及多个关系，并且是用嵌套查询逐次求解。其层次分明，容易理解也容易书写，具有结构化程序设计的特点。

【例 6-28】 查询选修过课程的学生姓名。

分析：通过题目可知，本查询所求的属性分布在两个表（Student 表和 Score 表）中，求解此查询的步骤为：

- 先在 Score 表中找到学号集合（集合 1），该集合中的学生即是选修了课程。
- 在 Student 表中找到 studentNo 包含在集合 1 的元组，取出 studentName 列。

具体的 SQL 语句如下：

```
SELECT    studentName    FROM    Student
WHERE    Student.studentNo IN
(SELECT    studentNo    FROM    Score)
```

该例题也可以用等值连接来实现，如下所示：

```
SELECT    DISTINCT    studentName    FROM    Student, Score
WHERE    Student.studentNo=Score.studentNo
```

📖 如果有同学选修了多门课，需要用 DISTINCT 消除重复元组。

6.4.2 使用比较运算符的子查询

在嵌套查询中使用比较运算符是指：父查询与子查询之间用比较运算符进行连接。如果用户能确切指导内层查询返回的是单值，可用<，>，=，<=，>=，<>等比较运算符，这样比较方便。

在比较运算中，常用到谓词 ANY 和 ALL。ANY 表示子查询结果中的某个值，ALL 表示子查询结果中的所有值。

【**例 6-29**】 查询年龄小于"计算机科学与技术 07-01 班"某个同学年龄的所有同学的学号、姓名和年龄。

分析：首先执行子查询，找出"计算机科学与技术 07-01 班"同学的年龄集合，然后在 Student 表中将年龄小于该集合中某个同学年龄的所有同学查找出来。具体的 SQL 语句如下：

```
SELECT    studentNo，studentName，year (getdate( )) –year (birthday)    age
FROM    Student
WHERE    year (getdate ( )) –year (birthday)<ANY(
                        SELECT    year (getdate( )) –year (birthday)
                        FROM    Student a，Class b
                        WHERE    className='计算机科学与技术 07-01 班'
                        AND        a.classNo=b.classNo
                        )
```

6.4.3 使用存在量词 EXISTS 的子查询

在嵌套查询中可以使用存在量词 EXISTS。这样的子查询不返回任何数据，只产生逻辑值 "true" 或 "false"。若内层查询结果为非空，则外层查询的 WHERE 后面的条件为真，否则为假。

【**例 6-30**】 查询选修了"计算机原理"课程的同学姓名和所在班级编号。

分析：从题目可知，本查询涉及三个表：Student、Score、Course，因此可以在 Student 表中依次用每个学生的 studentNo 值去检查，如果存在这样的元组，其 studentNo 值等于 Student.studentNo 并且 Score.courseNo=Course.courseNo AND courseName='计算机原理'，就取出 Student.studentName 和 classNo 作为目标列。具体的 SQL 语句如下所示：

方法 1：

```
SELECT    studentName, classNo
FROM    Student x
WHERE    EXISTS
                (SELECT    *    FROM    Score a, Course b
                WHERE    a.courseNo=b.courseNo
                AND    a.studentNo=x.studentNo
                AND    courseName='计算机原理'
                )
```

本例子还可以用等值连接和 IN 嵌套子查询来实现。

方法 2：

```
SELECT    studentName, classNo
FROM    Student a, Score b, Course c
WHERE    a.studentNo=b.studentNo
```

AND　　　b.courseNo=c.courseNo

AND　　　c.courseName='计算机原理'

方法 3：

SELECT　studentName, classNo from Student

WHERE　studentNo　IN

　　　　　　(SELECT　studentNo　FROM　Score

　　　　　　　WHERE　courseNo　IN

　　　　　　　　　　(SELECT　courseNo　FROM　Course

　　　　　　　　　　WHERE courseName=' 计算机原理'

　　　　　　　　　　)

　　　　　　)

6.5　聚合查询

SQL 查询提供了丰富的数据分类、统计和计算的功能，其统计功能是通过聚合函数来实现，分类功能通过分组语句来实现，并且统计和分组往往结合在一起实现丰富的查询功能。

6.5.1　聚合函数

SQL 提供的聚合函数主要包括以下几个：

- COUNT（*）：统计关系的元组个数。
- COUNT（[DISTINCT|ALL] <列名>）：统计一列中值的个数。
- SUM（[DISTINCT|ALL] <列名>）：统计一列中值的总和（此列必须是数值型）。
- AVG（[DISTINCT|ALL] <列名>）：统计一列中值的平均值（此列必须为数值型）。
- MAX（[DISTINCT|ALL] <列名>）：统计一列中值的最大值。
- MIN（[DISTINCT|ALL] <列名>）：统计一列中值的最小值。

如果指定 DISTINCT 谓词，表示在计算时首先消除列名重复值的元组，然后再进行统计；如果没有 DISTINCT 谓词，表示不消除重复值元组。

【例 6-31】查询学生总人数。

SELECT　count (*)　　FROM　Student

查询结果如图 6-10 所示。可以看出，输出的查询结果没有列名，为了便于理解，可以对计算列取一个列名，上述查询可修改如下，查询结果如图 6-11 所示。

SELECT　count(*)　学生人数　FROM　Student

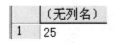

	（无列名）
1	25

	学生人数
1	25

图 6-10　［例 6-31］查询结果　　图 6-11　［例 6-31］带列名的查询结果

【例6-32】 查询所有选课学生的人数。

SELECT   count(studentNo)   选课人数   FROM   Score

该查询的结果是40。由于一个学生可以选修多门课程，学号重复存在，上述查询没有消除重复元组。为了消除重复元组，必须使用 DISTINCT 修饰，可将查询修改为：

SELECT   count(DISTINCT studentNo)   选课人数   FROM   Score

则其查询结果为10。

【例6-33】 查询学号为 0800005 的同学所选课程的总学分。

SELECT   sum (creditHour)   总学分
FROM   Score a, Course b
WHERE   a.courseNo=b.courseNo   AND   studentNo='0800005'

在聚合函数遇到空值时，除 count（*）外所有的函数均跳过空值，只处理非空值。

6.5.2 分组聚合

在 SQL 查询中，往往需要对数据进行分类运算（即分组运算），分组运算的目的是为了细化聚合函数的作用对象。如果不对查询结果进行分组，则聚合函数作用于整个查询结果；如果对查询结果进行分组，则聚合函数分别作用于每个组，查询结果是按组聚合输出。SQL 语句中通过使用 GROUP BY 和 HAVING 子句来实现分组运算，其中：

- GROUP BY 子句对查询结果按某一列或某几列进行分组，值相等的分为一组。
- HAVING 对分组的结果进行选择，仅输出满足条件的组。该子句必须与 GROUP BY 子句配合使用。

【例6-34】 查询每个同学的选课门数、平均分和最高分。

SELECT   studentNo, count (*) 门数, avg (score)   平均分, max (score) 最高分
FROM   Score
GROUP   BY   studentNo

查询结果如图 6-12 所示。

该查询结果按学号 studentNo 进行分组，将具有相同 studentNo 值的元组作为一组，然后对每组进行相应的计数、求平均值和求最大值。

【例6-35】 查询平均分在 80 分以上的每个同学的选课门数、平均分和最高分。

SELECT   studentNo, count (*) 门数, avg (score) 平均分, max (score) 最高分
FROM   Score
GROUP   BY   studentNo
HAVING   avg (score) >=80

	studentNo	门数	平均分	最高分
1	0700001	3	71.666666	83
2	0700002	4	83.500000	90
3	0700003	3	59.333333	65
4	0800001	7	72.142857	88
5	0800002	3	63.000000	83
6	0800003	3	64.333333	73
7	0800004	4	85.000000	98
8	0800005	5	78.200000	83
9	0800006	7	79.142857	95
10	0800007	1	63.000000	63

图 6-12 ［例 6-34］的查询结果

81

该查询结果按学号 studentNo 进行分组，将具有相同 studentNo 值的元组作为一组，然后对每组进行相应的计数、求平均值和求最大值，并判断平均值是否大于等于 80，如果是则输出该组，否则丢弃该组，不作为输出结果。

【例 6-36】　查询成绩最高分的学生的学号、课程号和相应成绩。

SELECT studentNo, courseNo, score

FROM　Score

WHERE score=(SELECT MAX(score) FROM Score)

聚合函数可以直接使用在 HAVING 子句中，也可以用于子查询，但在 WHERE 子句中不可以直接使用聚合函数。如下语句是不正确的。

SELECT studentNo, courseNo, score

FROM　Score

WHERE score= MAX(score)

6.6　数据定义语言

数据库的关系集合必须由数据定义语言 DDL 来定义，包括：数据库模式、关系模式、每个属性的值域、完整性约束、每个关系的索引和关系的物理存储结构等。

SQL 数据定义语言包括：

- 数据库的定义、修改和删除。
- 基本表的定义、修改和删除。
- 视图的定义、修改和删除。
- 索引的定义、修改和删除。

6.6.1　基本表的定义

表是由一个或多个列组成，所以定义基本表时，需要定义每列的列名、每列的数据类型以及与该表相关的完整性约束条件。这些完整性约束条件被存入系统的数据字典中，当用户操纵表中的数据时，DBMS 会自动检查该操作是否违背这些完整性约束条件。

1. **数据类型**

数据类型是数据的一种属性，表示数据所表示的信息的类型。任何一种计算机语言都定义了自己的数据类型。当然，不同的程序设计语言具有不同的特点，所定义的数据类型的种类和名称稍微有些不同。DB2 SQL 支持如下的数据类型：

（1）数值型。

- decimal（p，q）——十进制数，长度为 p，小数位 q；
- numerial（p，q）——十进制数，长度为 p，小数位 q；
- int——整型数；
- float——浮点数。

（2）字符型。

- charter（n）或 char（n）——字符型，长度为 n，定长字符；
- varchar（n）——字符型，最大长度为 n，变长字符。

（3）日期型。

- date/ datetime——日期型，格式为 YYYY-MM-DD；
- time——时间型，HH.MM.SS.XX；
- timestamp——日期加时间。

2. 基本表的定义

定义基本表的语句格式为：

CREATE TABLE　<表名>(<列名 1><数据类型>　　[NOT NULL][UNIQUE]
[,<列名 2><数据类型>　　　[NOT NULL][UNIQUE]]
[,<列名 3><数据类型>　　　[NOT NULL][UNIQUE]]
,……)

【例 6-37】　用 SQL 语句定义如图 6-13 所示的学生信息表。

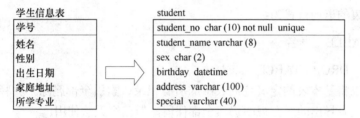

图 6-13　学生信息表

实现的 SQL 语句如下所示：

CREATE table student(
student_no char (10) NOT NULL UNIQUE,
student_name varchar (8),
sex char (2),
birthday datetime,
family_address varchar (100),
special varchar (40)　　)

6.6.2　基本表的修改和删除

由于数据库的使用环境和用户需求会发生变化，所以已创建好了的基本表有时需要修改。例如：增加新的列，添加或修改完整性约束条件，此时需用到 SQL 的修改基本表的语句。

1. 基本表的修改

修改基本表一般分为以下几种情况。

（1）向基本表中增加列，语句格式为：

ALTER TABLE　<表名>　ADD　<列名>　<类型名>　[<完整性约束>]

【例 6-38】 在"学生信息表"中增加一列 "联系电话"。

ALTER TABLE student ADD telephone varchar (18)

（2）从基本表中删除列或列的完整性约束，语句格式为：

ALTER TABLE <表名> DROP COLUMN <列名>/<完整性约束名>

【例 6-39】 在"学生信息表"中删除一列 "家庭地址"。

ALTER TABLE student DROP COLUMN family_address

（3）修改基本表的列，语句格式为：

ALTER TABLE <表名> ALTER COLUMN <列名> <类型名>

【例 6-40】 在"学生信息表"中修改一列"所学专业"。

ALTER TABLE student ALTER COLUMN special varchar (50)

2．删除基本表

删除基本表的语句格式为：

DROP TABLE 表名

【例 6-41】 DROP TABLE student

此语句可以将基本表的定义连同表中的所有记录、索引全部删除，并释放相应的存储空间。虽然由此表导出的所有视图仍然全部保留，但已经无法使用。

6.6.3 索引的建立和删除

假设读者想找到本书的某内容，可以一页一页地逐页搜索，但这会花很多时间，而通过使用本书的目录，就可以很快找到所要搜索的主题。表的索引与一本书的目录非常相似，它可以极大提高查询的速度。对于一个较大的表来说，通过加索引，使通常要花费几个小时来完成的查询只要几分钟就可以完成。因此可以对需要频繁查询的表增加索引。

SQL 支持用户根据应用环境的需要，在基本表上建立一个或多个索引，以提供多种存取路径，加快查找速度。通常索引的建立和删除由 DBA 负责，用户不能在存取数据时选择索引，存取路径的选择由系统自动进行。

1．建立索引

建立索引的格式为：

CREATE INDEX < 索引名 > ON <基本表名>(<列名 1 > [次序] [, <列名 2 > [次序]......])

索引可以建立在一列或几列上，其中任选项"次序"指定了索引值排序的方式，其取值有 ASC（升序）和 DESC（降序），默认值为升序。

【例 6-42】 学生信息表按学号排序建索引。

CREATE INDEX student_no ON student (studentNo ASC);

执行此语句将为学生信息表按学号升序建立索引，ASC 也可以省略。

【例 6-43】 学生信息表按班号升序、学号降序建索引。

CREATE　INDEX　student_class　ON student(classNo　ASC,studentNo　DESC)

2．删除索引

基本表的索引建立后，如不再需要，可以使用 SQL 语句删除，删除索引的语句为：

DROP　INDEX　<数据源.索引名>

【例 6-44】 删除［例 6-43］建立的索引。

DROP　INDEX　Student.student_class

6.7 数据更新语言

在对数据库进行操作时，除了要经常查询数据库中的数据，有时还需要修改数据。为了修改数据库中的数据，SQL 提供了插入（INSERT）、删除（DELETE）和更新（UPDATE）三种语句。

6.7.1 插入语句

【例 6-45】 将一个新学生元组（'0700006'，'李湘东'，'男'，'1991-10-21 00:00'，'云南'，'哈尼族'，'CS0701'）插入到学生表 Student 中。

INSERT　INTO　Student　VALUES（'0700006', '李湘东', '男', '1991-10-21 00:00', '云南', '哈尼族', 'CS0701'）

被插入的元组按 Student 表中的属性个数和顺序插入到该表中，属性值的个数和顺序必须与 Student 表一致，否则会出错。

【例 6-46】 将一个新学生元组（姓名：章李立，出生日期：1991-10-21，学号：0700007）插入到学生表 Student 中。

INSERT　　INTO Student (studentName, birthday, studentNo)　VALUES ('章李立', '1991-10-21 00:00','0700007')

插入元组的时候，可以指定列。没有列出的属性将自动取空值。但要保证此属性列允许为空，否则会报错。

本例按指定列的顺序和列的个数向学生表 Student 插入一个新元组，没有列出的属性列自动取空值，从该例可以看到，插入新元组时，数据的组织可以不按照表结构定义的属性个数和顺序进行插入。

6.7.2 删除语句

如果要删除表中的某些记录，可以使用删除命令，其语法为：

DELETE　FROM　<tableName>　[WHERE　<predicate>]

- <tableName>：要删除记录的表名。
- [WHERE <predicate>]：指出被删除的记录所满足的条件，该项可以省略，若省略则表示删除表中的所有记录，WHERE 子句中可以包含子查询。

【例 6-47】 删除选修了"高等数学"课程的选课记录。

DELETE FROM Score WHERE courseNo IN
            (SELECT courseNo FROM Course WHERE courseName='高等数学')

📖 此例中的 IN 也可换成"="。

【例 6-48】 删除平均分在 60～70 分之间同学的选课记录。

DELETE FROM Score WHERE studentNo IN
                (SELECT studentNo FROM Score
                GROUP BY studentNo
                HAVING AVG(score) between 60 and 70)

6.7.3 更新语句

如果要对表中的数据进行修改，可以使用 SQL 的修改数据命令。

【例 6-49】 将刘方晨同学选修的 005 课程的成绩改为 88 分。

UPDATE Score SET score=88
                WHERE courseNo='005' AND studentNo=
                (SELECT studentNo FROM Student
                WHERE studentName='刘方晨')

【例 6-50】 将注册会计 08_02 班的男同学的成绩增加 5 分。

UPDATE Score SET score=score+5
WHERE studentNo IN
        (SELECT studentNo FROM Student WHERE sex='男' AND classNo=
        (SELECT classNo FROM Class
        WHERE className='注册会计 08_02'
)

)

【例 6-51】 将学号为 0800001 同学的出生日期改为 1992 年 5 月 6 日出生，籍贯改为福州。

UPDATE Student
SET birthday=' 1992-5-6'，native='福州'
where studentNo='0800001'

插入、删除和修改操作会破坏数据的完整性，如果违反了完整性规则，其操作会失败。

6.8 视图

视图是虚表，是从一个或几个基本表（或视图）中导出的表，在系统的数据字典中仅存放了视图的定义，不存放视图对应的数据。当基本表中的数据发生变化时，从视图中查询出来的数据也随之改变。

视图实现了数据库管理系统三级模式中的外模式，基于视图的操作包括：查询、删除、受限更新和定义基于该视图的视图，视图的主要作用为：

- 简化用户的操作。
- 使用户能以多种角度看待同一数据。
- 对重构数据库提供了一定程度的逻辑独立性。
- 能够对机密数据提供安全保护。
- 适当地利用视图可以更清晰地表达查询。

视图与数据库三级模式的关系如图 6-14 所示。

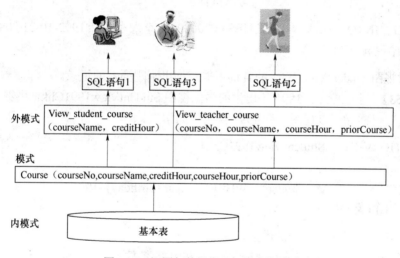

图 6-14 视图与数据库三级模式的关系

6.8.1 定义视图

使用视图前需要先定义视图，其语法为：
CREATE　VIEW <视图名> [(<列名 1>[,<列名 2 >]……)]
AS　[子查询]
[WITH CHECK OPTION]

视图定义的列名，列名可以省略不写，列名自动取查询出来的列名，但是属于下列 3 种情况必须写列名：

- 某个目标列是集函数或表达式。
- 多表连接中有相同的列名。

- 在视图中为某列取新的名称更合适。

定义视图，还要注意以下几点问题：

（1）子查询中通常不允许有 ORDER BY 子句和 DISTINCT 短语。

（2）组成视图中的列或者全写，或者全部省略。

（3）WITH CHECK OPTION 表示对 UPDATE 和 INSERT 操作时，要保证修改或插入的行符合子查询中的条件。

数据库执行 CREATE　VIEW 语句时只是把视图定义存入数据字典中，并不执行其中的 SELECT 语句，在对视图进行查询时，按视图的定义从基本表中把数据查询出来。

【例 6-52】 创建仅包含 1991 年出生的学生视图 StudentView1991。

```
CREATE   VIEW   StudentView1991
AS
        SELECT  *  FROM  Student  WHERE   year (biRthday)=1991
```

本例省略了视图的列名，自动取查询出来的列名。由于本例中没有使用 WITH CHECK OPTION 选项，因此下面的插入语句可以执行。

```
INSERT   INTO   Student   VALUES ('0700006',' 李湘东','男','1992-10-21 00:00',
'云南','哈尼族','CS0701')
```

但是对视图 StudentView1991 的查询不能查询出刚刚插入的记录。

【例 6-53】 创建仅包含 1991 年出生的学生视图 StudentView1991Chk，并要求进行修改和插入操作时仍需保证该视图只有 1991 年出生的学生。

```
CREATE   VIEW   StudentView1991Chk
AS
SELECT  *  FROM  Student  WHERE   year (birthday)=1991
WITH CHECK OPTION
```

本例所建立的视图，更新操作必须满足下列要求：

- 修改操作，自动加上 year（birthday）=1991 的条件。
- 删除操作，自动加上 year（birthday）=1991 的条件。
- 插入操作，自动检查 birthday 属性值是否满足为 1991 年出生，如果不是，则拒绝该插入操作。

由于本例中使用了 WITH CHECK OPTION，因此下面的插入语句可以执行。

```
INSERT   INTO   Student   VALUES ('0700006', '李湘东', '男', '1991-10-21 00:00',
'云南', '哈尼族', 'CS0701')
```

而下面的插入语句不可以执行。原因是插入的出生日期违反了出生日期必须是 1991 年的规定。

```
INSERT   INTO   Student   VALUES('0700006', '李湘东', '男', '1992-10-21 00:00',
'云南', '哈尼族', 'cs0701')
```

【例6-54】 创建一个包含学生学号、姓名、课程名、学分和成绩的视图 ScoreView。

CREATE　VIEW　ScoreView

AS

　　　　　SELECT　a.studentNo, studentName, courseName, creditHour, score

　　　　　FROM　Student a, Course b, Score c

　　　　　WHERE　a.studentNo=c.studentNo

　　　　　AND　　b.courseNo=c.courseNo

　　　　　AND　　score>=60

6.8.2　查询视图

视图定义以后，用户就可以如同操作基本表那样对视图进行查询了，前面所介绍的对基本表的各种查询操作一般都可以作用于视图。

系统执行对视图的查询语句时，首先把它转换成等价的对基本表的查询，然后执行修正了的查询。即当查询是对视图时，系统首先从数据字典中取出该视图的定义，然后把定义中的子查询和视图查询语句结合起来，形成一个修正的查询语句。真正执行的是这个修正的查询语句。

【例6-55】 在汉族的学生视图中找出姓王的所有男生。

视图查询语句为：

SELECT studentNo，studentName

FROM　VIEW-STUDENT

WHERE studentName　LIKE　'王%'　AND sex='男'

数据库系统在执行这条查询语句时，实际上是将此查询与 VIEW-STUDENT 视图定义中的子查询结合起来，换成对基本表 Student 的查询。

实际执行的查询语句为：

SELECT studentNo, studentName

FROM　Student

WHERE　nation='汉族'　AND　studentName　LIKE　'王%'　AND sex='男'

由此可见，对视图的查询实质上也就是对基本表的查询，因此基本表的变化可以反映到视图上。视图就像是基本表的"窗口"一样，通过视图可以看到基本表动态的变化。

6.8.3　更新视图

更新视图和更新基本表的用法基本相同，主要包括插入（INSERT）、删除（DELETE）和更新（UPDATE）三种操作。因为视图只是一个虚表，所以对视图的更新与对视图的查询一样，最终还是要转换为对基本表的更新。

创建视图时，可以使用的任选项"WITH CHECK OPTION"同样避免对视图做更新操作时，有意无意地增加、删除或更新超出视图范围的基本表数据。若超出视图的可操作范围，DBMS 发现不满足条件，则拒绝执行。

以下情况下，不允许对视图进行更新操作：

- 视图的属性来自于属性表达式或常数，不允许更新。
- 如果视图的属性有库函数，不允许更新。
- 如果视图中有 GROUP BY，不允许更新。
- 如果视图中有 DISTINCT，不允许更新。
- 如果视图中有嵌套查询，并涉及导出视图的基本表，不允许更新。

6.8.4 删除视图

当视图不再需要时，可以使用 DROP 语句删除，其语句格式为：

DROP VIEW <视图名>

【例 6-56】 删除［例 6-54］建立的视图 ScoreView。

DROP VIEW ScoreView

若导出此视图的基本表被删除了，该视图也将失效。但一般不会自动被删除，需要用户使用 DROP 语句将它们同时删除。

一个视图被删除后，由该视图导出的其他视图也将失效，用户应该使用 DROP 语句将它们一一删除。

6.9 思考与练习

1. 简答题

一个图书管理数据库 BookDB 的模式如图 6-15～图 6-18 所示，请基于该数据库模式用 SQL 语句完成以下操作。

设计表“BookClass”，位置是“BookDB”中、

列名	数据类型	长度	允许空
classNo	char	3	
className	varchar	20	✓

图 6-15 图书分类表 BookClass

设计表“Book”，位置是“BookDB”中、“(lo

列名	数据类型	长度	允许空
bookNo	char	10	
classNo	char	3	✓
bookName	varchar	40	✓
authorName	varchar	8	✓
publishingName	varchar	20	✓
publishingNo	char	17	✓
price	numeric	9	✓
publishingDate	datetime	8	✓
shopDate	datetime	8	✓
shopNum	int	4	✓

图 6-16 图书表 Book

设计表"Reader"，位置是"BookDB"中、"(

	列名	数据类型	长度	允许空
🔑	readerNo	char	8	
	readerName	varchar	8	✓
	sex	char	2	✓
	birthday	datetime	8	✓
	workUnit	varchar	50	✓

图 6-17　读者表 Reader

设计表"borrow"，位置是"BookDB"中、"(

	列名	数据类型	长度	允许空
▶🔑	readerNo	char	8	
🔑	bookNo	char	10	
	borrowDate	datetime	8	✓
	returnDate	datetime	8	✓
	ifReturn	bit	1	✓

图 6-18　借阅表 borrow

（1）查询全部图书的图书编号，图书名称和单价，并给属性列起中文别名。

（2）查询'清华大学出版社'图书的图书编号，图书名称和出版社名称，并给属性列起中文别名。

（3）查询每本图书的图书名称和入库的年限。

（4）查询'清华大学出版社'并且单价小于 30 的图书信息。

（5）查询单价在 30 元和 50 元之间图书的编号，名称和单价。

（6）查询入库年限小于 2 年图书的编号，名称和入库年限。

（7）查询入库年限在 1~3 年并且类别为'009'图书的编号，类别和入库年限。

（8）查询出版时间为空的图书的编号，名称和出版时间。

（9）查询出版社名称不为空的图书名称和出版社名称。

（10）查询图书名称中含有'猫'的图书信息。

（11）查询作者是姓张的图书名称和作者姓名。

（12）查询'信息管理学院'且姓名是两个字的读者姓名和工作单位。

（13）查询姓李且姓名是三个字的读者姓名。

（14）查询分类号为'002'图书的分类号，平均单价，最高单价。

（15）查询每种类别图书的分类号和图书数目。

（16）查询每位读者的读者号和借书数目。

（17）查询编号为'0700001'的读者，显示读者编号，姓名，所借图书的图书编号，图书名称。

（18）查询'信息管理学院'读者的借书情况。显示每位读者的姓名，工作单位，所借图书的名称。

（19）查询女读者的借书情况。显示每位读者的姓名，性别，所借图书的名称。

（20）查询没有归还图书的读者姓名，图书名称，归还日期。

（21）查询借阅了'艾米的旅程'读者的姓名（用 IN 或 Exists 嵌套）。

（22）查询没有借阅'艾米的旅程'读者的姓名（用 IN 或 Exists 嵌套）。

（23）查询每个读者的借书数目，显示读者编号和数目，并按数目降序排列。

（24）查询每本书被借的次数，显示每本书的编号和被借次数，并按次数升序排列。

（25）查询借书数目大于 2 本的读者编号和借书数目。

（26）删除编号为"0700007"的读者信息。

（27）把清华大学出版社图书的单价上调 10%，并显示修改前和修改后的图书信息。

（28）将入库数量最少的图书单价下调 20%，并显示修改前和修改后该图书的名称，单价和入库数量。

（29）在图书表 Book 中插入一条记录，图书编号为：003-000004，分类号：003，图书名称：会飞的狗　　单价：24　　出版社名称：中国少年儿童出版社。

（30）在 Book 中插入一条记录，图书编号为：001-000003，图书名称为：山楂树之恋　出版社名称为：江苏文艺出版社。

第 7 章 SQL Server 2005

SQL Server 是一个关系数据库管理系统。它最初是由 Microsoft、Sybase 和 Ashton-Tate 3 家公司共同开发的，于 1988 年推出了第一个 OS/2 版本。在 Windows NT 推出后，Microsoft 与 Sybase 在 SQL Server 的开发上就分道扬镳了，Microsoft 将 SQL Server 移植到 Windows NT 系统上，专注于开发推广 SQL Server 的 Windows NT 版本。Sybase 则较专注于 SQL Server 在 UNIX 操作系统上的应用。

SQL Server 2000 是 Microsoft 公司推出的 SQL Server 数据库管理系统，该版本继承了 SQL Server 7.0 版本的优点，同时又比它增加了许多更先进的功能。具有使用方便可伸缩性好与相关软件集成程度高等优点，可跨越从运行 Microsoft Windows 98 的膝上型电脑到运行 Microsoft Windows 2000 的大型多处理器的服务器等多种平台使用。

Microsoft SQL Server 2005 是一个全面的数据库平台，使用集成的商业智能（BI）工具提供了企业级的数据管理。Microsoft SQL Server 2005 数据库引擎为关系型数据和结构化数据提供了更安全可靠的存储功能，使您可以构建和管理用于业务的高可用和高性能的数据应用程序。

7.1 SQL Server 2005 概述

Microsoft SQL Server 2005 数据引擎是该企业数据管理解决方案的核心。此外 Microsoft SQL Server 2005 结合了分析、报表、集成和通知功能。这使您的企业可以构建和部署经济有效的 BI 解决方案，帮助您的团队通过记分卡、Dashboard、Web services 和移动设备将数据应用推向业务的各个领域。

与 Microsoft Visual Studio、Microsoft Office System 以及新的开发工具包（包括 Business Intelligence Development Studio）的紧密集成使 Microsoft SQL Server 2005 与众不同。无论您是开发人员、数据库管理员、信息工作者还是决策者，Microsoft SQL Server 2005 都可以为您提供创新的解决方案，帮助您从数据中更多地获益。

7.1.1 SQL Server 2005 的版本

SQL Server 2005 提供了 5 个不同版本。

1．SQL Server 2005 Enterprise Edition（32 位和 64 位）——企业版

Enterprise Edition 达到了支持超大型企业进行联机事务处理（OLTP）、高度复杂的数据分析、数据仓库系统和网站所需的性能水平。Enterprise Edition 的全面商业智能和分析能力及其高可用性功能（如故障转移群集），使它可以处理大多数关键业务的企业工作负荷。Enterprise Edition 是最全面的 SQL Server 版本，是超大型企业的理想选择，能够满足最复杂的要求。

2．SQL Server 2005 Standard Edition（32 位和 64 位）——标准版

SQL Server 2005 Standard Edition 是适合中小型企业的数据管理和分析平台。它包括电子商务、数据仓库和业务流解决方案所需的基本功能。Standard Edition 的集成商业智能和高可用性功能可以为企业提供支持其运营所需的基本功能。SQL Server 2005 Standard Edition 是需要全面的数据管理和分析平台的中小型企业的理想选择。

3．SQL Server 2005 Workgroup Edition（仅适用于 32 位）——工作组版

对于那些需要在大小和用户数量上没有限制的数据库的小型企业，SQL Server 2005 Workgroup Edition 是理想的数据管理解决方案。SQL Server 2005 Workgroup Edition 可以用作前端 Web 服务器，也可以用于部门或分支机构的运营。它包括 SQL Server 产品系列的核心数据库功能，并且可以轻松地升级至 SQL Server 2005 Standard Edition 或 SQL Server 2005 Enterprise Edition。SQL Server 2005 Workgroup Edition 是理想的入门级数据库，具有可靠、功能强大且易于管理的特点。

4．SQL Server 2005 Developer Edition（32 位和 64 位）——开发版

SQL Server 2005 Developer Edition 允许开发人员在 SQL Server 顶部生成任何类型的应用程序。该应用程序包括 SQL Server 2005 Enterprise Edition 的所有功能，但许可用作开发和测试系统，而不用作生产服务器。SQL Server 2005 Developer Edition 是独立软件供应商（ISV）、咨询人员、系统集成商、解决方案供应商以及生成和测试应用程序的企业开发人员的理想选择。可以根据生产需要升级 SQL Server 2005 Developer Edition。

5．SQL Server 2005 Express Edition（仅适用于 32 位）——学习版

SQL Server Express 数据库平台基于 SQL Server 2005。它也可以替换 Microsoft Desktop Engine（MSDE）。通过与 Microsoft Visual Studio 2005 集成，SQL Server Express 简化了功能丰富、存储安全且部署快速的数据驱动应用程序的开发过程。

SQL Server Express 是免费的，可以再分发（受制于协议），还可以充当客户端数据库以及基本服务器数据库。SQL Server Express 是独立软件供应商 ISV、服务器用户、非专业开发人员、Web 应用程序开发人员、网站主机和创建客户端应用程序的编程爱好者的理想选择。如果您需要使用更高级的数据库功能，则可以将 SQL Server Express 无缝升级到更复杂的 SQL Server 版本。

7.1.2　SQL Server 2005 的特点

SQL Server 2005 有 10 个特点。

1．NET 框架主机

使用 SQL Server 2005，开发人员通过使用相似的语言，例如微软的 Visual C#.net 和微软的 Visual Basic，将能够创立数据库对象。开发人员还将能够建立两个新的对象——用户定义的类和集合。

2．XML 技术

在使用本地网络和互联网的情况下，在不同应用软件之间发布数据的时候，可扩展标记语言（标准通用标记语言的子集）是一个重要的标准。SQL Server 2005 将会自身支持存储和查询可扩展标记语言文件。

3．ADO．NET2．0 版本

从对 SQL 类的新的支持，到多活动结果集（MARS），SQL Server 2005 中的 ADO．NET 将推动数据集的存取和操纵，实现更大的可升级性和灵活性。

4．增强的安全性

SQL Server 2005 中的新安全模式将用户和对象分开，提供 fine-grainAccess 存取、并允许对数据存取进行更大的控制。另外，所有系统表格将作为视图得到实施，对数据库系统对象进行了更大程度的控制。

5．Transact-SQL 的增强性能

SQL Server 2005 为开发可升级的数据库应用软件，提供了新的语言功能。这些增强的性能包括处理错误、递归查询功能、关系运算符 PIVOT，APPLY，ROW_NUMBER 和其他数据列排行功能，等等。

6．SQL 服务中介

SQL 服务中介将为大型、营业范围内的应用软件，提供一个分布式的、异步应用框架。

7．通告服务

通告服务使得业务可以建立丰富的通知应用软件，向任何设备，提供个人化的和及时的信息，例如股市警报、新闻订阅、包裹递送警报、航空公司票价等。在 SQL Server 2005 中，通告服务和其他技术更加紧密地融合在了一起，这些技术包括分析服务、SQL Server Management Studio。

8．Web 服务

使用 SQL Server 2005，开发人员将能够在数据库层开发 Web 服务，将 SQL Server 当作一个超文本传输协议（HTTP）侦听器，并且为网络服务中心应用软件提供一个新型的数据存取功能。

9．报表服务

利用 SQL Server 2005，报表服务可以提供报表控制，可以通过 Visual Studio 2005 发行。

10．全文搜索功能的增强

SQL Server 2005 将支持丰富的全文应用软件。服务器的编目功能将得到增强，对编目的对象提供更大的灵活性。查询性能和可升级性将大幅得到改进，同时新的管理工具将为有关全文功能的运行，提供更深入的了解。

7.1.3 SQL Server 2005 的组件

Microsoft SQL Server 2005 是用于大规模联机事务处理（OLTP）、数据仓库和电子商务应用的数据库平台；也是用于数据集成、分析和报表解决方案的商业智能平台。

SQL Server 2005 引入了一些"Studio"帮助实现开发和管理任务：SQL Server Management Studio 和 Business Intelligence Development Studio。在 Management Studio 中，可以开发和管理 SQL Server 数据库引擎与通知解决方案，管理已部署的 Analysis Services 解决方案，管理和运行 Integration Services 包，以及管理报表服务器和 Reporting Services 报表与报表模型。在 BI Development Studio 中，可以使用以下项目来开发商业智能解决方案：使用 Analysis Services 项目开发多维数据集、维度和挖掘结构；使用 Reporting Services

项目创建报表；使用报表模型项目定义报表的模型；使用 Integration Services 项目创建包。

7.2　SQL Server 2005 的安装使用

SQL Server 2005 的安装过程与其他 Microsoft Windows 系列产品类似。 用户可根据向导提示，选择需要的选项一步一步地完成。

7.2.1　系统要求

1．硬件需求

（1）显示器：VGA 或者分辨率至少在 1024×768 像素之上的显示器。

（2）点触式设备：鼠标或者兼容的点触式设备。

（3）CD 或者 DVD 驱动器。

（4）处理器型号，速度及内存需求。

SQL Server 2005 不同的版本其对处理器型号,速度及内存的需求是不同的,如表 7-1 所示。

表 7-1　　　　　　　　　　处理器型号、速度及内存需求

SQL Server 2005 版本	处理器型号	处理器速度	内存（RAM）
SQL Server 2005 企业版（Enterprise Edition） SQL Server 2005 开发者版（Developer Edition） SQL Server 2005 标准版（Standard Edition） SQL Server 2005 工作组版（Workgroup Edition）	Pentium III 及其兼容处理器，或者更高型号	至少 600MHz，推荐 1GHz 或更高	至少 512MB，推荐 1GB 或更大
SQL Server 2005 简化版（Express Edition）	Pentium III 及其兼容处理器，或者更高型号	至少 600MHz，推荐 1GHz 或更高	至少 192MB，推荐 512MB 或更大

（5）硬盘空间需求。

实际的硬件需求取决于你的系统配置以及你所选择安装的 SQL Server 2005 服务和组件。如表 7-2 所示。

表 7-2　　　　　　　　　　硬 盘 空 间 需 求

服务和组件	硬盘需求
数据库引擎及数据文件，复制，全文搜索等	150MB
分析服务及数据文件	35KB
报表服务和报表管理器	40MB
通知服务引擎组件，客户端组件以及规则组件	5MB
集成服务	9MB
客户端组件	12MB
管理工具	70MB
开发工具	20MB
SQL Server 联机图书以及移动联机图书	15MB
范例以及范例数据库	390MB

2．软件需求

（1）浏览器软件。在装 SQL Server 2005 之前，需安装 Microsoft Internet Explorer 6.0 SP1 或者其升级版本。因为微软控制台以及 HTML 帮助都需要此软件。

（2）IIS 软件。在装 SQL Server 2005 之前，需安装 IIS5.0 及其后续版本，以支持 SQL Server 2005 的报表服务。

（3）ASP.NET 2.0。当安装报表服务时，SQL Server 2005 安装程序会检查 ASP.NET 是否已安装到本机上。

（4）还需要安装以下软件：Microsoft Windows .NET Framework 2.0；Microsoft SQL Server Native Client；Microsoft SQL Server Setup support files。

（5）表 7-3 列出常见的操作系统是否支持运行 SQL Server 2005 的各种不同版本。

表 7-3   操 作 系 统 的 要 求

	企业版	开发版	标准版	工作组版	简化版
Windows 2000	不支持	不支持	不支持	不支持	不支持
Windows 2000 Professional Edition SP4	不支持	支持	支持	支持	支持
Windows 2000 Server SP4	支持	支持	支持	支持	支持
Windows 2000 Advanced Server SP4	支持	支持	支持	支持	支持
Windows 2000 Datacenter Edition SP4	支持	支持	支持	支持	支持
Windows XP Home Edition SP2	不支持	支持	不支持	不支持	支持
Windows XP Professional Edition SP2	不支持	支持	支持	支持	支持
Windows 2003 Server SP1	支持	支持	支持	支持	支持
Windows 2003 Enterprise Edition SP1	支持	支持	支持	支持	支持

7.2.2 服务器管理

服务器管理包括服务器的注册、连接、启动、停止和暂停等操作。

1．连接服务器

要和已注册的服务器实现"连接"，则需要使用右键单击一个服务器，指向"连接"，如图 7-1 所示。

2．断开服务器

与连接服务器相反的是断开服务器，只要在所要断开的服务器上单击右键，选择"断开"即可。注意断开服务器并不是从计算机中将服务器删除，而只是从 SQL Server 管理平台中删除了对该服务器的引用。需要再次使用该服务器时，只需在 SQL Server 管理平台中重新连接即可。

3．启动、暂停和停止服务器

在 SQL Server 管理平台中，在所要启动的服务器上单击右键，从弹出的快捷菜单中选择"启动"选项，即可启动服务器。

暂停和关闭服务器的方法与启动服务器的方法类似，只需在相应的快捷菜单中选择"暂停"或"停止"选项即可。

7.2.3　SQL Server 两种类型的数据库

SQL Server 管理系统数据库和用户数据库两种类型的数据库。系统数据库存储 SQL Server 专用的、用于管理自身和用户数据库的数据，用户数据库则用于存储用户数据。

图 7-1　连接服务器

当在一个物理服务器上安装 SQL Server 时，安装过程创建了多个完成 SQL Server 的操作所必需的系统文件和数据库。创建的系统数据库包括 master、tempdb、model 和 msdb。SQL Server 使用存储在系统数据库的信息，来操纵和管理自身及用户数据库。

1．master 数据库

master 数据库记录了 SQL Server 系统级的信息，包括系统中所有的登录账号、系统配置信息、所有数据库的信息、所有用户数据库的主文件地址等。每个数据库都有属于自己的一组系统表，记录了每个数据库各自的系统信息，这些表在创建数据库时自动产生。为了与用户创建的表区别，这些表被称为系统表，表名都以"sys"开头。

master 数据库中还有很多系统存储过程和扩展存储过程，系统存储过程是预先编译好的程序，所有的系统存储过程的名字都以 sp_开头，用来完成很多管理和信息活动。

扩展存储过程使我们可以使用像 C 这样的编程语言创建自己的外部例程。对用户来说，扩展存储过程与普通存储过程一样，执行方法也相同。可将参数传递给扩展存储过程，扩展存储过程可返回结果，也可返回状态。通过使用扩展存储过程可以扩展 SQL Server 2005 的功能。

2．tempdb 数据库

tempdb 数据库用于存放所有连接到系统的用户临时表和临时存储过程以及 SQL Server 产生的所有临时性的对象。tempdb 是 SQL Server 中负担最重的数据库，因为几乎所有的查询都可能使用它。

在 SQL Server 关闭时，tempdb 数据库中的所有对象都被删除，每次启动 SQL Server 时，tempdb 数据库里面总是空的。

默认情况下，SQL Server 在运行 tempdb 数据库时会根据需要自动增长。不过，与其他数据库不同，每次启动数据库引擎时，它会重置为初始大小。

3．model 数据库

model 数据库是系统所有数据库的模板，这个数据库相当于一个模子，所有在系统中创建的新数据库的内容，在刚创建时都和 model 数据库完全一样。

如果 SQL Server 专门用作一类应用，而这类应用都需要某个表，甚至在这个表中都要包括同样的数据，那么就可以在 model 数据库中创建这样的表，并向表中添加那些公共的数据，以后每一个新创建的数据库中都会自动包含这些表和这些数据。当然，也可以向 model 数据库中增加其他数据库对象，这些对象都能被以后创建的数据库所继承。

4．msdb 数据库

msdb 数据库被 SQL Server 代理（SQL Server Agent）来安排报警、作业，并记录操作员。

5．示例数据库

SQL Server 2005 最初版本在安装时自动创建了两个数据库：pubs 和 northwind，它们是 SQL Server 的示例数据库。示例数据库是让读者作为学习工具使用的，现在已经被微软取消，如果需要的话可以到微软网站下载安装。

6．数据库的系统表

SQL Server 2005 中的每个数据库都包含系统表，用来记录 SQL Server 组件所需的数据。SQL Server 的操作能否成功，取决于系统表中信息的完整性，因此，系统表不允许任何用户修改。例如，不要尝试使用 DELETE、UPDATE、INSERT 语句或用户定义的触发器修改系统表。

系统表集中在 master 和 msdb 数据库中，主要记录 2005 服务器中所有数据库的行、列、键的相关信息的，是数据库信息的汇总。

7.2.4　企业管理器和查询分析器

SQL Server 2005 把企业管理器、服务管理器和查询分析器融为一体，使用更方便，界面更美观。

1．企业管理器

大多数对 SQL Server 的配置都是在企业管理器中进行的，企业管理器的窗口由以下几部分组成。

（1）菜单栏。这是典型的 Microsoft Windows 菜单栏。在学习 SQL Server 的过程中，会越来越少使用它，因为所需要的大多数工具都可以在该窗口的树状结构中找到。

（2）工具栏。这是标准的工具栏，很难认出图标代表的是什么工具。只有当鼠标指针移过工具时，才会显示工具提示。

（3）服务器选择。如果在企业管理器中注册了多个服务器，可以在这里选择要管理哪个 SQL Server，然后只需要从 SQL Server 组中选择该服务器就可以了。SQL Server 企业管理器的窗口如图 7-2 所示。

（4）树状结构。树状结构是最常使用的工具，它形象显示了企业管理器管理的多个 SQL Server 的整体结构。图 7-2 展示了树状结构展开后的状态，当首次启动企业管理器时，树状结构的分支大部分没有被展开，仅仅展示了 SQL Server 的最上层结构。

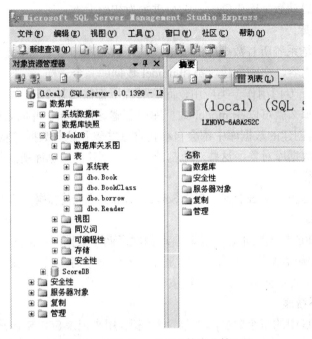

图 7-2　SQL Server 2005 的企业管理器

2．查询分析器

SQL Server 2005 把查询分析器和企业管理器整合了，单击工具栏中的"新建查询"选项，打开查询分析器窗口，如图 7-3 所示。

图 7-3　SQL Server 2005 的查询分析器

SQL Server 2005 的查询分析器与 SQL Server 2000 相比更美观,使用起来更方便。上面的工具栏可以选择要查询的数据库,可以执行查询和保存查询,还可以选择查询显示的方式以及给语句添加注释等。

7.3 创建基本表

在 SQL Server 管理平台中,展开指定的服务器和数据库,打开想要创建新表的数据库,右击表对象,并从弹出的快捷菜单中选择"新建表"选项,如图 7-4 所示。在图 7-4 的对话框中,可以对表的结构进行更改,设置主键及字段属性,使用 SQL Server 管理平台可以非常直观地修改数据库结构和添加数据。在表中任意行上右击,则弹出一个快捷菜单,如图 7-5 所示。

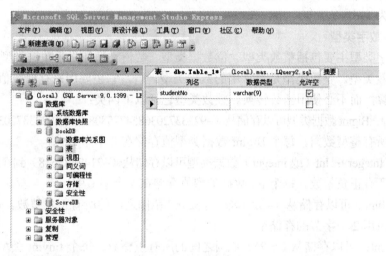

图 7-4 新建表对话框

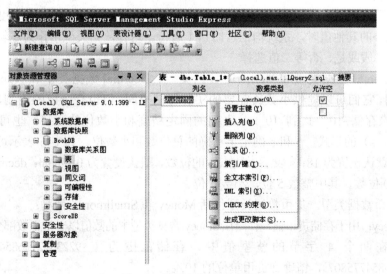

图 7-5 设置字段属性对话框

7.3.1　定义数据类型

在 SQL Server 2005 中，每个列、局部变量、表达式和参数都有其各自的数据类型。指定对象的数据类型相当于定义了该对象的四个特性：

- 对象所含的数据类型，如字符、整数或二进制数。
- 所存储值的长度或它的大小。
- 数字精度（仅用于数字数据类型）。
- 小数位数（仅用于数字数据类型）。

SQL Server 提供系统数据类型集，定义了可与 SQL Server 一起使用的所有数据类型；另外用户还可以使用 Transact-SQL 或.NET 框架定义自己的数据类型，它是系统提供的数据类型的别名。每个表可以定义至多 250 个字段，除文本和图像数据类型外，每个记录的最大长度限制为 1962 个字节。

1．精确数字类型

精确数字类型主要包括整数类型、位数据类型、数值类型和货币数据类型。

（1）整数类型。整数类型是最常用的数据类型之一，它主要用来存储数值，可以直接进行数据运算，而不必使用函数转换。整数类型包括以下四类：

1）Bigint：Bigint 数据类型可以存储从（−9223372036854775808）到（9223372036854775807）范围之间的所有整型数据。每个 Bigint 数据类型值存储在 8 个字节中。

2）Int（Integer）：Int（或 integer）数据类型可以存储从（−2147483648）到（2147483647）范围之间的所有正负整数。每个 Int 数据类型值存储在 4 个字节中。

3）Smallint：可以存储从（−32768）到 32767 范围之间的所有正负整数。每个 smallint 类型的数据占用 2 个字节的存储空间。

4）Tinyint：可以存储从 0～255 范围之间的所有正整数。每个 tinyint 类型的数据占用 1 个字节的存储空间。

（2）位数据类型。Bit 称为位数据类型，其数据有两种取值：0 和 1，长度为 1 字节。在输入 0 以外的其他值时，系统均把它们当 1 看待。这种数据类型常作为逻辑变量使用，用来表示真、假或是、否等二值选择。

（3）Decimal 数据类型和 Numeric 数据类型。Decimal 数据类型和 Numeric 数据类型完全相同，它们可以提供小数所需的实际存储空间，但也有一定的限制，可以用 2～17 个字节来存储 $-10^{38}+1$ 到 $10^{38}-1$ 之间的固定精度和小数位的数字。也可以将其写为 Decimal（p，s）的形式，p 和 s 确定了精确的总位数和小数位。其中 p 表示可供存储的值的总位数，默认设置为 18；s 表示小数点后的位数，默认设置为 0。例如：decimal（10，5），表示共有 10 位数，其中整数 5 位，小数 5 位。

（4）货币数据类型。货币数据类型包括 Money 和 Smallmoney 两种：

1）Money：用于存储货币值，存储在 money 数据类型中的数值以一个正数部分和一个小数部分存储在两个 4 字节的整型值中，存储范围为（−9223372136854775808）到（9223372136854775807），精确到货币单位的 10‰。

2）Smallmoney：与 money 数据类型类似，但范围比 money 数据类型小，其存储范围为–2147483468～2147483467 之间，精确到货币单位的 10‰。

当为 money 或 smallmoney 的表输入数据时，必须在有效位置前面加一个货币单位符号。

2．近似数字类型

近似数字类型包括 Real 和 Float 两大类。

（1）Real：可以存储正的或者负的十进制数值，最大可以有 7 位精确位数。它的存储范围从–3.40E–38~3.40E+38。每个 Real 类型的数据占用 4 个字节的存储空间。

（2）Float：可以精确到第 15 位小数，其范围从–1.79E–308~1.79E+308。如果不指定 Float 数据类型的长度，它占用 8 个字节的存储空间。Float 数据类型也可以写为 Float（n）的形式，n 指定 Float 数据的精度，n 为 1～15 之间的整数值。当 n 取 1～7 时，实际上是定义了一个 Real 类型的数据，系统用 4 个字节存储它；当 n 取 8～15 时，系统认为其是 Float 类型，用 8 个字节存储它。

3．日期和时间数据类型

（1）Datetime：用于存储日期和时间的结合体，它可以存储从公元 1753 年 1 月 1 日零时起至公元 9999 年 12 月 31 日 23 时 59 分 59 秒之间的所有日期和时间，其精确度可达三百分之一秒，即 3.33 毫秒。Datetime 数据类型所占用的存储空间为 8 个字节，其中前 4 个字节用于存储基于 1900 年 1 月 1 日之前或者之后日期数，数值分正负，负数存储的数值代表在基数日期之前的日期，正数表示基数日期之后的日期，时间以子夜后的毫秒存储在后面的 4 个字节中。当存储 Datetime 数据类型时，默认的格式是 MM DD YYYY hh：mm A.M./P.M，当插入数据或者在其他地方使用 Datetime 类型时，需要用单引号把它括起来。默认的时间日期是 January 1,1900 12：00A.M。可以接受的输入格式如下：Jan. 4 1999、JAN. 4 1999、January 4 1999、Jan. 1999 4、1999 4 Jan. 和 1999 Jan. 4。

（2）Smalldatetime：与 Datetime 数据类型类似，但其日期时间范围较小，它存储从 1900 年 1 月 1 日~2079 年 6 月 6 日内的日期。SmallDatetime 数据类型使用 4 个字节存储数据，SQL Server 2000 用 2 个字节存储日期 1900 年 1 月 1 日以后的天数，时间以子夜后的分钟数形式存储在另外两个字节中，SmallDatetime 的精度为 1min。

4．字符数据类型

字符数据类型也是 SQL Server 中最常用的数据类型之一，它可以用来存储各种字母、数字符号和特殊符号。在使用字符数据类型时，需要在其前后加上英文单引号或者双引号。

（1）Char：其定义形式为 Char（n），当用 Char 数据类型存储数据时，每个字符和符号占用一个字节的存储空间。n 表示所有字符所占的存储空间，n 的取值为 1～8000。若不指定 n 值，系统默认 n 的值为 1。若输入数据的字符串长度小于 n，则系统自动在其后添加空格来填满设定好的空间；若输入的数据过长，将会截掉其超出部分。如果定义了一个 Char 数据类型，而且允许该列为空，则该字段被当作 Varchar 来处理。

（2）Varchar：其在 SQL Server 2005 中新定义形式为 Varchar（n|max），较之以前的版本多了一个 max 选择，max 表示最大存储大小是 2^{31}–1 个字节。用 Char 数据类型可以存储长达 255 个字符的可变长度字符串，和 Char 类型不同的是 Varchar 类型的存储空间是根据存储在表的每一列值的字符数变化的。例如定义 Varchar（20），则它对应的字段最多可以存储 20 个字符，但是在每一列的长度达到 20 字节之前系统不会在其后添加空格来填满设

定好的空间，因此使用 Varchar 类型可以节省空间。

（3）Text：用于存储文本数据，其容量理论上为 $1\sim2^{31}-1$（2，147，483，647）个字节，但实际应用时要根据硬盘的存储空间而定。

5．Unicode 字符数据类型

Unicode 字符数据类型包括 Nchar、Nvarchar、Ntext 三种：

（1）Nchar：其定义形式为 Nchar（n）。它与 Char 数据类型类似，不同的是 Nchar 数据类型 n 的取值为 $1\sim4000$。Nchar 数据类型采用 Unicode 标准字符集，Unicode 标准用两个字节为一个存储单位，其一个存储单位的容纳量就大大增加了，可以将全世界的语言文字都囊括在内，在一个数据列中就可以同时出现中文、英文、法文等，而不会出现编码冲突。

（2）Nvarchar：其在 SQL Server 2005 中新的定义形式为 Nvarchar(n|max)。它与 Varchchar 数据类型相似，Nvarchar 数据类型也采用 Unicode 标准字符集，n 的取值范围为 $1\sim4000$。

（3）Ntext：与 Text 数据类型类似，存储在其中的数据通常是直接能输出到显示设备上的字符，显示设备可以是显示器、窗口或者打印机。Ntext 数据类型采用 Unicode 标准字符集，因此其理论上的容量为 $2^{30}-1$（1，073，741，823）个字节。

6．二进制字符数据类型

二进制数据类型包括 Binary、Varbinary、Image 三种：

（1）Binary：其定义形式为 Binary（n），数据的存储长度是固定的，即 n+4 个字节，当输入的二进制数据长度小于 n 时，余下部分填充 0。二进制数据类型的最大长度（即 n 的最大值）为 8000，常用于存储图像等数据。

（2）Varbinary：其在 SQL Server 2005 中新的定义形式为 Varbinary（n | max），较之以前的版本多了一个 max 选择，max 表示最大存储大小是 $2^{31}-1$ 个字节。数据的存储长度是变化的，它为实际所输入数据的长度加上 4 字节。其他含义同 Binary。

（3）Image：用于存储照片、目录图片或者图画，其理论容量为 $2^{31}-1$（2，147，483，647）个字节。其存储数据的模式与 Text 数据类型相同，通常存储在 Image 字段中的数据不能直接用 Insert 语句直接输入。

7．其他数据类型

（1）Sql_variant：用于存储除文本、图形数据和 Timestamp 类型数据外的其他任何合法的 SQL Server 数据。此数据类型极大地方便了 SQL Server 的开发工作。

（2）Table：用于存储对表或者视图处理后的结果集。这种新的数据类型使得变量可以存储一个表，从而使函数或过程返回查询结果更加方便、快捷。

（3）Timestamp：亦称时间戳数据类型，它提供数据库范围内的唯一值，反应数据库中数据修改的相对顺序，相当于一个单调上升的计数器。当它所定义的列在更新或者插入数据行时，此列的值会被自动更新，一个计数值将自动地添加到此 Timestamp 数据列中。如果建立一个名为"Timestamp"的列，则该列的类型将自动设为 Timestamp 数据类型。

（4）Uniqueidentifier：用于存储一个 16 字节长的二进制数据类型，它是 SQL Server 根据计算机网络适配器地址和 CPU 时钟产生的全局唯一标识符代码（Globally Unique Identifier，简写为 GUID）。此数字可以通过调用 SQL Server 的 newid( )函数获得，在全球各地的计算机经由此函数产生的数字不会相同。

（5）XML：可以存储 XML 数据的数据类型。利用它可以将 XML 实例存储在字段中或者 XML 类型的变量中。注意存储在 XML 中的数据不能超过 2GB。

（6）Cursor：这是变量或存储过程 OUTPUT 参数的一种数据类型，这些参数包含对游标的引用。使用 Cursor 数据类型创建的变量可以为空。注意：对于 CREATE TABLE 语句中的列，不能使用 Cursor 数据类型。

7.3.2 创建约束

约束是 SQL Server 提供的自动保持数据库完整性的一种方法，它通过限制字段中数据、记录中数据和表之间的数据来保证数据的完整性。在 SQL SERVER 中，对于基本表的约束分为列约束和表约束。

1. 主键（PRIMARY KEY）约束

PRIMARY KEY 约束用于定义基本表的主键，它是唯一确定表中每一条记录的标识符，其值不能为 NULL，也不能重复，以此来保证实体的完整性。PRIMARY KEY 与 UNIQUE 约束类似，通过建立唯一索引来保证基本表在主键列取值的唯一性，但它们之间存在着很大的区别：

- 在一个基本表中只能定义一个 PRIMARY KEY 约束，但可定义多个 UNIQUE 约束；
- 对于指定为 PRIMARY KEY 的一个列或多个列的组合，其中任何一个列都不能出现空值，而对于 UNIQUE 所约束的唯一键，则允许为空。

📖 不能为同一个列或一组列既定义 UNIQUE 约束，又定义 PRIMARY KEY 约束。

PRIMARY KEY 既可用于列约束，也可用于表约束。

可以使用 SQL Server 企业管理器来建立主键，如图 7-6 所示。

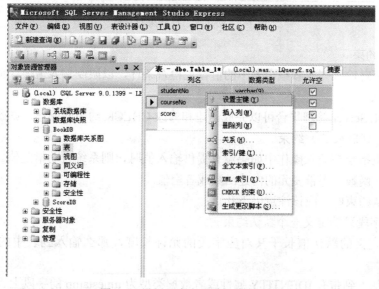

图 7-6　设置两个字段的组合为主键

2．唯一性约束

唯一性约束用于指定一个或者多个列的组合值具有唯一性，以防止在列中输入重复的值。定义了 UNIQUE 约束的那些列称为唯一键，系统自动为唯一键建立唯一索引，从而保证了唯一键的唯一性。

当使用唯一性约束时，需要考虑以下几个因素：

- 使用唯一性约束的字段允许为空值。
- 一个表中可以允许有多个唯一性约束。
- 可以把唯一性约束定义在多个字段上。
- 唯一性约束用于强制在指定字段上创建一个唯一性索引。
- 默认情况下，创建的索引类型为非聚集索引。

通过 SQL Server 管理平台可以完成创建和修改唯一性约束的操作，如图 7-7 所示。

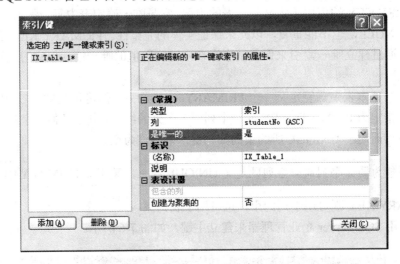

图 7-7　创建唯一性约束对话框

3．检查约束

检查约束对输入列或者整个表中的值设置检查条件，以限制输入值，保证数据库数据的完整性。

通过 SQL Server 管理平台可以完成创建和修改 CHECK 约束的操作，如图 7-8 所示。

4．默认（DEFAULT）约束

默认约束指定在插入操作中如果没有提供输入值时，则系统自动指定值。默认约束可以包括常量、函数、不带变元的内建函数或者空值。

使用默认约束时，应该注意以下几点：

- 每个字段只能定义一个默认约束。
- 如果定义的默认值长于其对应字段的允许长度，那么输入到表中的默认值将被截断。
- 不能加入到带有 IDENTITY 属性或者数据类型为 timestamp 的字段上。
- 如果字段定义为用户定义的数据类型，而且有一个默认绑定到这个数据类型上，则不允许该字段有默认约束。

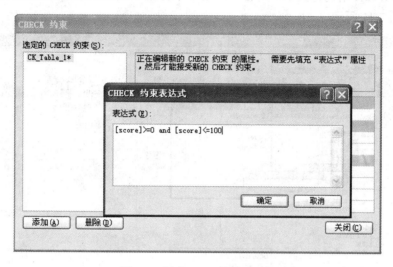

图 7-8　创建 check 约束对话框

通过 SQL Server 管理平台可以完成创建默认约束的操作，如图 7-9 所示。

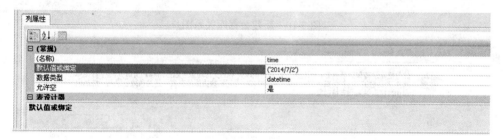

图 7-9　创建默认约束对话框

7.3.3　创建表间关系

外关键字约束定义了表之间的关系。当一个表中的一列或多个列的组合与其他表中的主关键字定义相同时，就可以将这个列或列的组合定义为外关键字，并设定它适合与哪个表中的哪些列相关联。这样，当在定义主关键字约束的表中更新列值时，其他表中与之相关联的外关键字列也相应地会做相同的更新。外关键字约束的作用还体现在，当向含有外关键字的表中插入数据时，如果与之相关联表的列中无与插入的外关键字列值相同时，系统会拒绝插入数据，这就是数据库的参照完整性。与主关键字相同的是，不能使用一个定义为 TEXT 或 IMAGE 数据类型的列创建外关键字。外关键字最多由 16 个列组成。

选中要建关系图的数据库，右键"数据库关系图选项"，点击"新建数据库关系图"，如图 7-10 所示。

有时会出现一个错误提示"此数据库没有有效所有者，因此无法安装数据库关系图支持对象。若要继续，请首先使用"数据库属性"对话框的"文件"页或 ALTER

AUTHORIZATION 语句将数据库所有者设置为有效登录名，然后再添加数据库关系图支持对象"。如图 7-11 所示。

图 7-10　新建数据库关系图

图 7-11　新建关系图的错误提示

解决的方法是运行命令：

ALTER AUTHORIZATION ON database：mydbname TO sa

把 mydbname 修改为实际的数据库名称，就可以把所有者设置为 sa 了。

　　例如：ScoreDB 数据库中学生信息表 Student 和成绩表 Score 通过 studentNo 联系，可以建立两者的关系，Student 表中的主键 StudentNo 和 Score 表中的外键 studentNo 相对应，如图 7-12 所示。

　　建立的表间关系如图 7-13 所示。

7.3.4　对基本表的操作

　　在企业管理器中对表的操作包括修改表、查看表的属性、查看表中的数据和删除表。

1. 修改表

　　在企业管理器中选择要进行改动的表，单击鼠标右键，从快捷菜单中选择"修改"选项，在右边编辑区显示表的结构，如图 7-14 所示。可以修改列的数据类型、名称等属性，或添加删除列，也可以修改表的主关键字约束。右击某个属性，可以编辑各种约束。

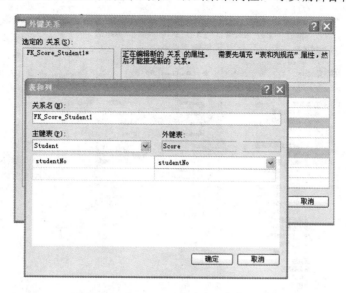

图 7-12　建立表间关系对话框

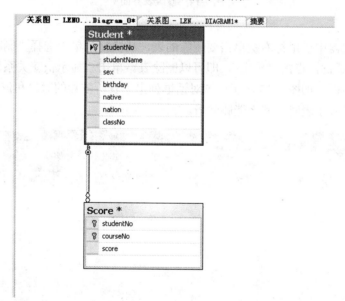

图 7-13　表间关系图

2．查看表的属性

在企业管理器中，鼠标右键单击要查看属性的表，从快捷菜单中选择"属性"选项，从弹出表的属性对话框中可看到表的大部分信息。单击"权限"按钮，还可以查看和修改表的权限。

3．查看表中的数据

在企业管理器中，以鼠标右键单击要查看属性的表，从快捷菜单中选择"打开表"选项，此时会显示表中的所有数据。

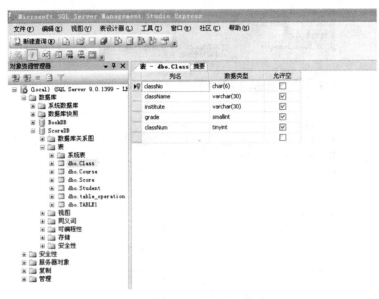

图 7-14　修改表界面

4．删除表

在企业管理器中以鼠标右键单击要删除的表，从快捷菜单中选择"删除"选项，弹出"删除对象"对话框，点击"确定"，即可以删除表。单击"显示依赖关系"按钮，即会出现依赖关系对话框，如图 7-15 所示。该对话框列出了表所依赖的对象和依赖于表的对象。当发现有对象依赖于表时，就不能删除表。

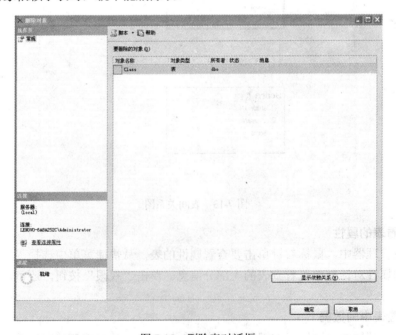

图 7-15　删除表对话框

7.4 创建视图

视图是个虚表，是从一个或者多个表或视图中导出的表，其结构和数据是建立在对表的查询基础上的。

使用视图的优点和作用主要有：

- 视图可以使用户只关心他感兴趣的某些特定数据和他们所负责的特定任务，而那些不需要的或者无用的数据则不在视图中显示。
- 视图大大地简化了用户对数据的操作。
- 视图可以让不同的用户以不同的方式看到不同或者相同的数据集。
- 在某些情况下，由于表中数据量太大，因此在表的设计时常将表进行水平或者垂直分割，但表的结构的变化对应用程序产生不良的影响。而使用视图可以重新组织数据，从而使外模式保持不变，原有的应用程序仍可以通过视图来重载数据。
- 视图提供了一个简单而有效的安全机制。

在 SQL Server 管理平台中，展开指定的服务器，打开要创建视图的数据库文件夹，右击"视图"，从弹出的快捷菜单中选择"新建视图"选项，接着就出现添加表、视图、函数对话框。选择好创建视图所需的表、视图、函数后，通过单击字段左边的复选框选择需要的字段。单击工具栏中的"保存"按钮，输入视图名，即可完成视图的创建。如图 7-16 所示。

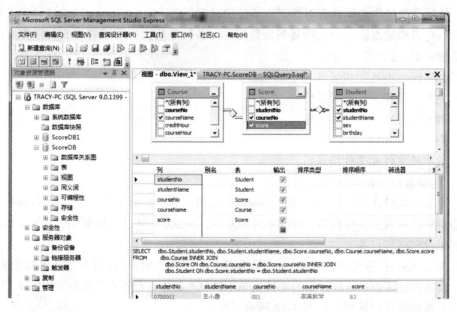

图 7-16 创建视图对话框

7.5 数据库的备份与还原

可以通过 SQL Server 企业管理器备份数据库。SQL Server 备份是动态的，也就是说当用户使用数据库的时候，备份也能进行。当然，最好在数据库没有大量地修改时执行备份，因为备份会使系统变慢，备份语句执行的时候，备份呈现的是备份时刻的数据库中的数据。

在执行备份的时候，可以备份整个数据库，也可以只备份事务日志，单独备份事务日志比备份整个数据库用的存储空间要少，花费的时间也短。每天定期备份事务日志使得花费几分钟就可以恢复整个数据库。

用户应该定期维护所有数据库的备份，包括：master 数据库、msdb 数据库、model 数据库以及所有的用户数据库。

7.5.1　数据库的备份

Microsoft SQL Server 2005 提供了高性能的备份和还原机制。数据库备份可以创建备份完成时数据库内存在的数据的副本，这个副本能在遇到故障时恢复数据库。这些故障包括：媒体故障，硬件故障（例如，磁盘驱动器损坏或服务器报废），用户操作错误（例如，误删除了某个表），自然灾害等。此外，数据库备份对于例行的工作（例如，将数据库从一台服务器复制到另一台服务器、设置数据库镜像、政府机构文件归档和灾难恢复）也很有用。

对 SQL Server 数据库或事务日志进行备份时，数据库备份记录了在进行备份这一操作时数据库中所有数据的状态，以便在数据库遭到破坏时能够及时地将其恢复。SQL Server 备份数据库是动态的，在进行数据库备份时，SQL Server 允许其他用户继续对数据库进行操作。执行备份操作必须拥有对数据库备份的权限许可，SQL Server 只允许系统管理员、数据库所有者和数据库备份执行者备份数据库。备份是数据库系统管理的一项重要内容，也是系统管理员的日常工作。

SQL Server 2005 提供了 4 种不同的备份方式，它们分别为：

- 完整备份和完整差异备份。
- 部分备份和部分差异备份。
- 事务日志备份。
- 数据库文件和文件组备份。

1．创建备份设备

备份或还原操作中使用的磁带机或磁盘驱动器称为"备份设备"。在创建备份时，必须选择要将数据写入的备份设备。Microsoft SQL Server 2005 可以将数据库、事务日志和文件备份到磁盘和磁带设备上。

在 SQL Server 管理平台中，选择想要创建备份设备的服务器，打开服务器对象文件夹，在备份设备图标上右击，从弹出的快捷菜单中选择"新建备份设备"选项，如图 7-17 所示。然后弹出备份设备对话框，如图 7-18 所示。

2．执行备份

在 SQL Server 管理平台中，打开数据库文件夹，右击所要进行备份的数据库图标，在弹出的快捷菜单中选择"任务"选项，再选择备份数据库，出现 SQL Server 备份对话框，如图 7-19 所示。对话框有两个页框，即"常规"和"选项"页框。

图 7-17　创建备份设备

图 7-18　输入备份设备属性对话框

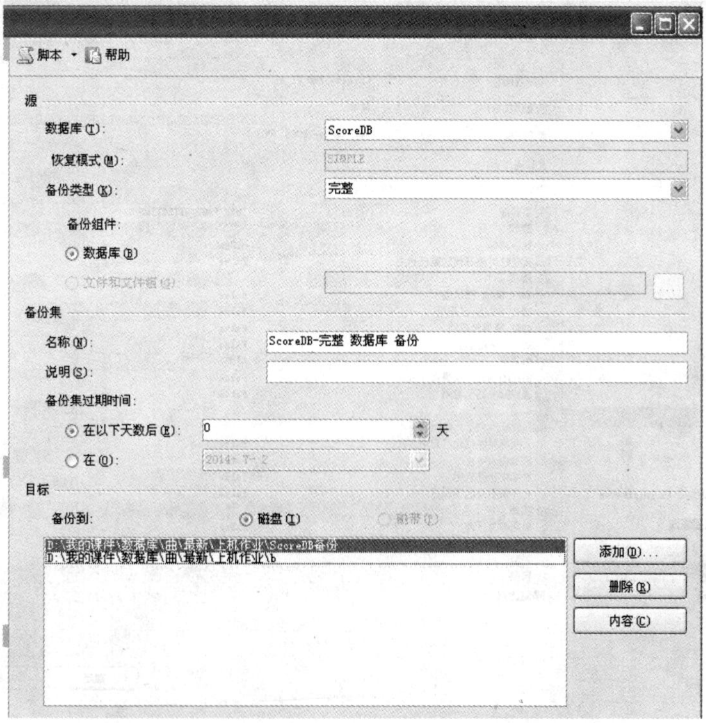

图 7-19　SQL Server 备份对话框

单击"添加"按钮可以选择将备份添加备份文件还是设备，点击"确定"，对数据库的备份成功完成，如图 7-20 所示。到备份设备所在的路径下提取备份文件。

图 7-20　数据库备份完成对话框

7.5.2　数据库的还原

数据库备份后，一旦系统发生崩溃或者执行了错误的数据库操作，就可以从备份文件中还原数据库。数据库还原是指将数据库备份加载到系统中的过程。系统在还原数据库的过程中，自动执行安全性检查、重建数据库结构以及完成填写数据库内容。安全性检查是还原数据库时必不可少的操作。这种检查可以防止偶然使用了错误的数据库备份文件或者不兼容的数据库备份覆盖已经存在的数据库。SQL Server 还原数据库时，根据数据库备份文件自动创建数据库结构，并且还原数据库中的数据。

由于数据库的还原操作是静态的，所以在还原数据库时，必须限制用户对该数据库进行其他操作，因而在还原数据库之前，首先要设置数据库访问属性，如图 7-21所示。

图 7-21　设置数据库访问属性对话框

打开 SQL Server 管理平台，在数据库上单击鼠标右键，从弹出的快捷菜单中选择"任务"选项，再选择"还原数据库"命令，弹出还原数据库对话框，选中"选项"页框，进行其他选项的设置，如图 7-22 所示。

还原数据库时经常会出现一些错误，例如：图 7-22 中的还原路径不存在，需要手动设置还原路径；还原路径文件有重名，无法覆盖，需要修改文件名。

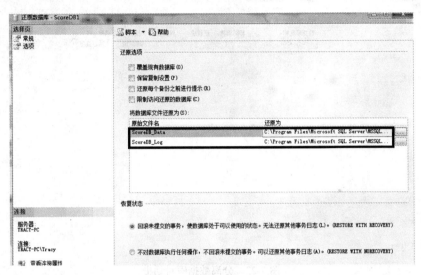

图 7-22   还原数据库对话框

7.6   数据库的分离与附加

如果你安装的数据库安装在系统盘（比如 C 盘）或者安装的磁盘空间已经所剩无几了，而你又不想重装数据库，只想把数据的存放位置换到其他磁盘。要做到这点很简单，你只需要把数据库"分离"，然后把相关的文件复制到你想存放的位置，接着"附加"数据库就可以了。

SQL Server 2000 和 SQL Server 2005 都允许分离数据库的数据和事务日志文件，然后将其重新附加到同一台或另一台服务器上，分离数据库将从 SQL Server 删除数据库，但是保持在组成该数据库的数据和事务日志文件中的数据库完好无损。然后这些数据和事务日志文件可以用来将数据库附加到任何 SQL Server。

实例上，这时数据库的使用状态与它分离时的状态完全相同。

7.6.1   数据库的分离

选择想要分离的数据库，右键选择"任务→分离"选项，会出现如图 7-23 所示的对话框。如果消息中有"活动连接"，应该先强制关闭此数据库。

当确定后再看对象资源管理器中的数据库，刚才分离的数据已经没在数据库里面，分离数据库成功。

先找到分离的数据库的 IDF 和 MDF 文件，原位置在：C：\Program Files\Microsoft SQL

Server\MSSQL.1\MSSQL\Data 文件夹下（这是安装 SQL Server 2005 时默认的安装路径，可以修改安装路径），然后选择刚才分离的数据库文件，剪切到你用来存放数据的位置，例如放在 D 盘根目录下。

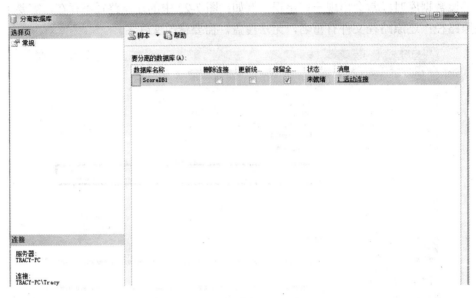

图 7-23　分离数据库对话框

7.6.2　数据库的附加

右击数据库，选择"附加"选项，出现如图 7-24 所示的对话框。

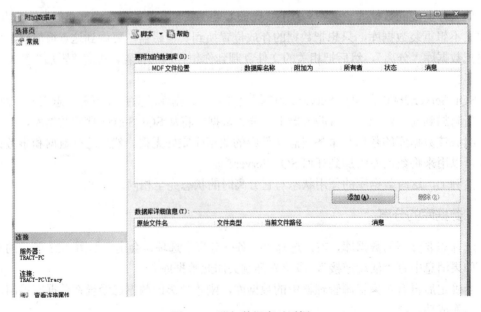

图 7-24　附加数据库对话框

单击"添加"按钮，选择需要附加的数据库文件（刚才粘贴到 D 盘根目录下），然后单击"确定"按钮，发现对象资源管理器中被分离的数据库又出现了，说明附加成功了。

7.7 安全配置

对于一个数据库管理员来说，安全性就意味着必须保证那些具有特殊数据访问权限的用户能够登录到 SQL Server，并且能够访问数据以及对数据库对象实施各种权限范围内的操作；同时，他还要防止所有的非授权用户的非法操作。

SQL Server 提供了既有效又容易的安全管理模式，这种安全管理模式是建立在安全身份验证和访问许可两者机制上的。

7.7.1 安全身份验证

安全身份验证用来确认登录 SQL Server 的用户的登录账号和密码的正确性，由此来验证该用户是否具有连接 SQL Server 的权限。任何用户在使用 SQL Server 数据库之前，必须经过系统的安全身份验证。

SQL Server 2005 提供了两种确认用户对数据库引擎服务的验证模式：Windows 身份验证和 SQL Server 身份验证。

1．Windows 身份验证

SQL Server 数据库系统通常运行在 Windows 服务器上，而 Windows 作为网络操作系统，本身就具备管理登录、验证用户合法性的能力，因此 Windows 验证模式正是利用了这一用户安全性和账号管理的机制，允许 SQL Server 可以使用 Windows 的用户名和口令。在这种模式下，用户只需要通过 Windows 的验证，就可以连接到 SQL Server，而 SQL Server 本身也就不需要管理一套登录数据。

2．SQL Server 身份验证

SQL Server 身份验证模式允许用户使用 SQL Server 安全性连接到 SQL Server。在该认证模式下，用户在连接 SQL Server 时必须提供登录名和登录密码，这些登录信息存储在系统表 syslogins 中，与 Windows 的登录账号无关。SQL Server 自身执行认证处理，如果输入的登录信息与系统表 syslogins 中的某条记录相匹配，则表明登录成功。

3．使用企业管理器设置验证模式

利用 SQL Server 管理平台可以进行认证模式的设置，步骤如下：

（1）打开 Server 管理平台，右击要设置认证模式的服务器，从弹出的快捷菜单中选择"属性"选项，则出现 SQL Server 属性对话框。

（2）在 SQL Server 属性对话框中选择"安全性"选项页，如图 7-25 所示。

（3）在"服务器身份验证"选项栏中，可以选择要设置的认证模式，同时在"登录审核"中还可以选择跟踪记录用户登录时的哪种信息，例如登录成功或登录失败的信息等。

（4）在"服务器代理账户"选项栏中设置当启动并运行 SQL Server 时，默认的登录者中哪一位用户。

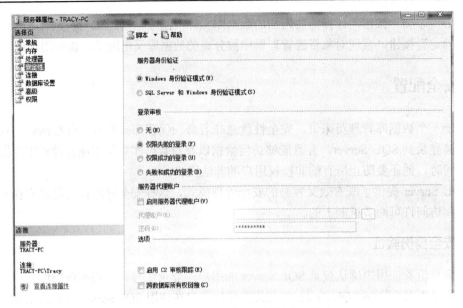

图 7-25　使用企业管理器设置验证模式

7.7.2　用户权限管理

通过了认证并不代表用户就能访问 SQL Server 中的数据,同时他还必须通过许可确认。用户只有在具有访问数据库的权限之后,才能够对服务器上的数据库进行权限许可下的各种操作,这种用户访问数据库权限的设置是通过用户账号来实现的。

1. 服务器登录账号管理

利用 SQL Server 管理平台可以创建、管理 SQL Server 登录账号。其具体执行步骤如下:

(1)打开 SQL Server 管理平台,单击需要登录的服务器左边的"+"号,然后展开安全性文件夹。

(2)右击登录名(login)图标,从弹出的快捷菜单中选择"新建登录名"选项,则出现 SQL Server "登录名—新建"对话框,如图 7-26 所示。

(3)在"名称"文本框中输入登录名,在身份验证选项栏中选择新建的用户账号是 Windows 认证模式,或是 SQL Server 认证模式。

(4)选择"服务器角色"页框,如图 7-27 所示。在服务器角色列表框中,列出了系统的固定服务器角色。在这些固定服务器角色的左端有相应的复选框,打勾的复选框表示该登录账号是相应的服务器角色成员。

(5)选择"用户映射"页框,如图 7-28 所示。上面的列表框列出了"映射到此登录名的用户",单击左边的复选框设定该登录账号可以访问的数据库以及该账号在各个数据库中对应的用户名。下面的列表框列出了相应的"数据库角色成员身份"清单,从中可以指定该账号所属的数据库角色。

(6)选择"安全对象"页框,安全对象是 SQL Server 数据库引擎授权系统控制对其进行访问的资源。点击"添加..."按钮,可对不同类型的安全对象进行安全授予或拒绝。

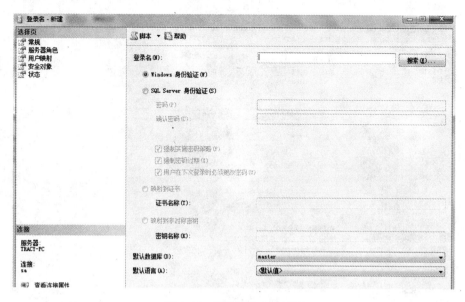

图 7-26 新建登录名对话框

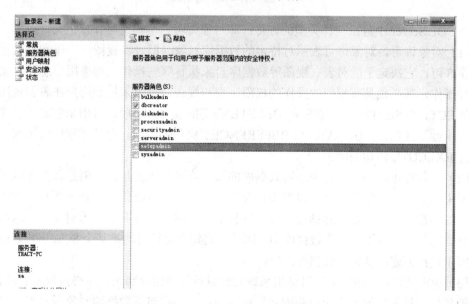

图 7-27 服务器角色对话框

（7）设置完成后，单击"确定"按钮即可完成登录账号的创建。

2．权限管理

许可用来指定授权用户可以使用的数据库对象和这些授权用户可以对这些数据库对象执行的操作。用户在登录到 SQL Server 之后，其用户账号所归属的 Windows 组或角色所被赋予的许可（权限）决定了该用户能够对哪些数据库对象执行哪种操作以及能够访问、修改哪些数据。在每个数据库中用户的许可独立于用户账号和用户在数据库中的角色，每个数据库都有自己独立的许可系统。

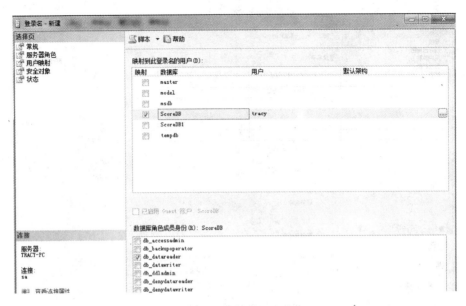

图 7-28　用户映射对话框

在 SQL Server 中包括三种类型的许可：即对象许可、语句许可和预定义许可。

（1）对象许可。对象许可表示对特定的数据库对象（即表、视图、字段和存储过程）的操作许可，它决定了能对表、视图等数据库对象执行哪些操作。如果用户想要对某一对象进行操作，其必须具有相应的操作的权限。表和视图许可用来控制用户在表和视图上执行 SELECT，INSERT，UPDATE 和 DELETE 语句的能力。字段许可用来控制用户在单个字段上执行 SELECT，UPDATE 和 REFERENCES 操作的能力。存储过程许可用来控制用户执行 EXECUTE 语句的能力。

（2）语句许可。语句许可表示对数据库的操作许可，也就是说，创建数据库或者创建数据库中的其他内容所需要的许可类型称为语句许可。这些语句通常是一些具有管理性的操作，如创建数据库、表和存储过程等。这种语句虽然仍包含有操作的对象，但这些对象在执行该语句之前并不存在于数据库中。因此，语句许可针对的是某个 SQL 语句，而不是数据库中已经创建的特定的数据库对象。

（3）预定义许可。预定义许可是指系统安装以后有些用户和角色不必授权就有的许可。其中的角色包括固定服务器角色和固定数据库角色，用户包括数据库对象所有者。只有固定角色或者数据库对象所有者的成员才可以执行某些操作。执行这些操作的许可就称为预定义许可。

在 SQL Server 管理平台中，展开服务器和数据库，单击用户图标，此时在右面的页框中将显示数据库的所有用户。在数据库用户清单中，右击要进行许可设置的用户，从弹出的快捷菜单中选择"属性"选项，则出现数据库用户属性对话框，选择"安全对象"页框，如图 7-29 所示。

在上页对话框中单击"添加"按钮，则弹出"添加对象"对话框，如图 7-30 所示。选择"特定对象"单选钮后，出现如图 7-31 所示的对话框。

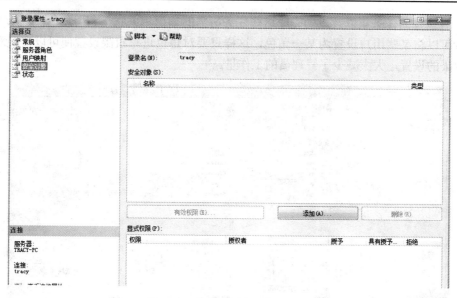

图 7-29　数据库用户属性对话框

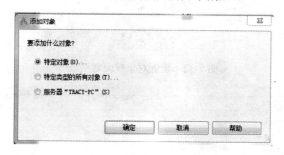

图 7-30　添加对象对话框

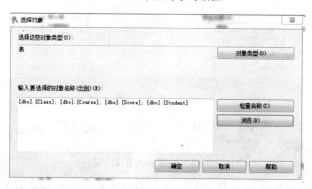

图 7-31　选择对象对话框

点击"确定"后则出现图 7-32 所示的对话框。在该对话框中可以进行对象许可的设置。点击对话框底部"列权限"按钮，出现如图 7-33 所示对话框，在该对话框中可以选择用户对哪些列具有哪些权限。最后单击"确定"按钮即可完成许可的设置。

3．角色管理

角色定义了常规的 SQL Server 用户类别。每种角色将该类别的用户与其使用 SQL

Server 时执行的任务集以及成功完成这些任务所需的知识相关联。利用角色，SQL Server 管理者可以将某些用户设置为某一角色，这样只要对角色进行权限设置便可以实现对所有用户权限的设置，大大减少了管理员的工作量。

图 7-32　设置对象权限对话框

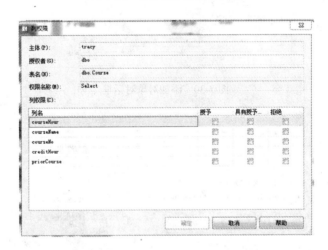

图 7-33　设置列权限对话框

　　SQL Server 提供了用户通常管理工作的预定义服务器角色和数据库角色。用户还可以创建自己的数据库角色，以便表示某一类进行同样操作的用户。当用户需要执行不同的操作时，只需将该用户加入不同的角色中即可，而不必对该用户反复授权许可和收回许可。

　　（1）服务器角色。服务器角色是指根据 SQL Server 的管理任务，以及这些任务相对的重要性等级来把具有 SQL Server 管理职能的用户划分为不同的用户组，每一组所具有的管理 SQL Server 的权限都是 SQL Server 内置的。服务器角色存在于各个数据库之中，要想加入用户，该用户必须有登录账号以便加入到角色中。

SQL Server 2005 提供了 8 种常用的固定服务器角色，其具体含义如下所示：

- 系统管理员（sysadmin）：拥有 SQL Server 所有的权限许可。
- 服务器管理员（Serveradmin）：管理 SQL Server 服务器端的设置。
- 磁盘管理员（diskadmin）：管理磁盘文件。
- 进程管理员（processadmin）：管理 SQL Server 系统进程。
- 安全管理员（securityadmin）：管理和审核 SQL Server 系统登录。
- 安装管理员（setupadmin）：增加、删除连接服务器，建立数据库复制以及管理扩展存储过程。
- 数据库创建者（dbcreator）：创建数据库，并对数据库进行修改。
- 批量数据输入管理员（bulkadmin）：管理同时输入大量数据的操作。

（2）数据库角色。数据库角色是为某一用户或某一组用户授予不同级别的管理或访问数据库以及数据库对象的权限，这些权限是数据库专有的，并且还可以使一个用户具有属于同一数据库的多个角色。

固定的数据库角色是指 SQL Server 已经定义了这些角色所具有的管理、访问数据库的权限，而且 SQL Server 管理者不能对其所具有的权限进行任何修改。SQL Server 中的每一个数据库中都有一组固定的数据库角色，在数据库中使用固定的数据库角色可以将不同级别的数据库管理工作分给不同的角色，从而有效地实现工作权限的传递。

SQL Server 提供了十种常用的固定数据库角色来授予组合数据库级管理员权限：

- public：每个数据库用户都属于 public 数据库角色，当尚未对某个用户授予或拒绝对安全对象的特定权限时，则该用户将继承授予该安全对象的 public 角色的权限。
- db_owner：可以执行数据库的所有配置和维护活动。
- db_accessadmin：可以增加或者删除数据库用户、工作组和角色。
- db_ddladmin：可以在数据库中运行任何数据定义语言（DDL）命令。
- db_securityadmin：可以修改角色成员身份和管理权限。
- db_backupoperator：可以备份和恢复数据库。
- db_datareader：能且仅能对数据库中的任何表执行 select 操作，从而读取所有表的信息。
- db_datawriter：能够增加、修改和删除表中的数据，但不能进行 SELECT 操作。
- db_denydatareader：不能读取数据库中任何表中的数据。
- db_denydatawriter：不能对数据库中的任何表执行增加、修改和删除数据操作。

7.8 思考与练习

1．操作题

使用企业管理器建立第 6 章的 Score DB 数据库，并完成表（Student、Course、Class、Score）的设计、表间关系的建立及数据的录入。

第 8 章　Transact-SQL 语言

　　Transact-SQL 是 Microsoft SQL Server 提供的查询语言，使用它编写程序可以完成所有的数据库管理工作。应用程序必须依靠用 Transact-SQL 语句编写的指令与数据库管理系统进行交互。

　　前面章节中学习的标准 SQL 语言是通用的查询和执行语言，但在实际编程中功能并不全面。Transact-SQL 语言对 SQL 语言的功能做了很大扩展，例如在 SQL 语言里加入了程序流的控制结构、局部变量和其他一些功能。利用这些功能，用户可以编写出更复杂的查询语句，也可以建立驻留在 SQL Server 服务器内的基于代码的数据库对象，如触发器和存储过程等，从而方便用户直接完成应用程序的开发。

　　因而，对用户来说，Transact-SQL 是可以和 SQL Server 的数据库管理系统进行交互的唯一语言。本章将对 Transact-SQL 语句的常用语法进行重点介绍，更多的 SQL Server 编程经验需要从实际应用中获得。

8.1　Transact-SQL 的数据类型

　　SQL Server 中，数据类型可分为系统数据类型和用户定义数据类型两种，系统数据类型在 7.3.1 节已经详细介绍过，下面主要介绍一下用户定义数据类型。

　　SQL Server 允许用户在系统数据类型的基础上建立自定义的数据类型。它提供了一种加强数据库内部和基本数据类型之间一致性的机制，通过使用用户定义数据类型能够简化对常用规则和默认值的管理。

　　使用系统存储过程 sp_addtype 建立用户定义数据类型，其语法格式为：

sp_addtype type_name
[,system_data_type]
[,'null type']

- type_name 为新创建的用户定义数据类型的名称。
- system_data_type 参数指出 SQL Server 系统数据类的名称，它为用户定义数据类型的基础类，其值可为大部分系统数据类型，不能为 money、smallmoney、timestamp 等系统数据类型。
- nulltype 说明新建立的用户定义数据类型是否允许空值，其取值为 NULL、NOT NULL 之一。

　　系统存储过程 sp_addtype 将用户定义数据类型存储在当前数据库的 systypes 系统表中，如果希望用户定义数据类型为以后建立的所有数据库使用时，可在 model 数据库中建立用户定义数据类型。

每个数据库中所有用户定义数据类型的名称必须唯一，但同一种数据类型可以用多个用户定义数据类型名称定义。

【例 8-1】 创建一个用户定义的数据类型 sname，其基于的系统数据类型是变长为 11 的字符，不允许空。

```
Use    ScoreDB
Exec sp_addtype sname,'varchar(11)','Not null'
```

【例 8-2】 创建一个用户定义的数据类型 birthday，其基于的系统数据类型为 DateTime，允许空。

```
Use ScoreDB
Exec sp_addtype birthday, datetime, 'null'
```

使用系统存储过程 sp_droptype 可以从数据库 systypes 系统表中删除用户定义的数据类型，语法格式为：

```
sp_droptype type_name
```

type_name 为用户自定义数据类型的名称。

【例 8-3】 删除自定义数据类型 sname。

```
Use ScoreDB
Exec sp_droptype sname
```

📖 当表中的列还在使用用户定义的数据类型，或者在其上面还绑定有默认规则时，这种用户定义的数据类型不能删除。

8.2 Transact-SQL 的函数

SQL Server 数据函数提供了更高级的数据操作功能，包括集合函数、字符串函数、数学函数、日期函数和系统函数等，下面介绍 SQL Server 提供的一些常用函数。

8.2.1 集合函数

集合函数有以下 5 种。

1．AVG 函数

AVG([ALL|DISTINCT] 表达式)

求一组数据的算术平均值。若这组数据中有 NULL，将被忽略。ALL 表示所有的数值都被计算在内，DISTINCT 表示相同数值的数据只被计算一次，默认值为 ALL。

【例 8-4】 求选课表中所有成绩的平均值。

SELECT AVG (score)

FROM Score

2．COUNT 函数

COUNT({ [ALL|DISTINCT] |*})

COUNT 函数返回这组数据的个数。COUNT（*）指定了表中满足判别式的所有行，包括重复数值和 NULL。

【例 8-5】　求蒙古族的学生人数。

SELECT COUNT (*)

FROM Student

WHERE nation='蒙古族'

【例 8-6】　求学生一共来自多少个地区。

SELECT COUNT (distinct native)

FROM Student

3．MAX 函数

返回这组数据的最大值。

【例 8-7】　求课程号为 001 的课程的最高成绩。

SELECT MAX (score)

FROM Score

WHERE courseNo='001'

4．MIN 函数

返回这组数据的最小值。

【例 8-8】　求课程号为 003 的课程的最低成绩。

SELECT MIN (score)

FROM Score

WHERE courseNo='003'

5．SUM 函数

返回一组数据的总和。

【例 8-9】　求学号为 0700001 的学生的所有成绩总和。

SELECT SUM (score)

FROM Score

WHERE studentNo='0700001'

8.2.2　数学函数

数学函数将在数字型表达式上进行数学运算，然后将结果返回给用户。在默认情况下，数学函数将传递给它的数字当做十进制整数对待。数学函数可对诸如 INTEGER、FLOAT、

REAL、MONEY 和 SMALLMONEY 的数据类型进行操作，并返回 6 位小数。如果使用数学函数时出错，将返回 NULL 值并显示出警告信息。

下面是一些常用的数学函数。

（1）ACOS（float_expression）：反余弦函数，返回以弧度表示的角。

（2）ASIN（float_expression）：反正弦函数，返回以弧度表示的角。

（3）ATAN（float_expression）：反正切函数，返回以弧度表示的角。

（4）ATAN2（float_expr1，float_expr2）：反正切函数，返回正切值为 float_expr1/ loat_expr2 的弧度角。

（5）COS（float_expression）：余弦函数，返回弧度角的余弦值。

（6）COT（float_expression）：余切函数，返回弧度角的余切值。

（7）SIN（float_expression）：正弦函数，返回弧度角的正弦值。

（8）TAN（float_expression）：正切函数，返回弧度角的正切值。

（9）DEGREES（numeric_expression）：把弧度转化为角度，返回与表达式相同的数据类型。

（10）RADIANS（numeric_expression）：把角度转化为弧度，返回与表达式相同的数据类型。

（11）CEILING（numeric_expression）：大于或等于表达式的最小整数，返回与表达式相同的数据类型。

（12）FLOOR（numeric_expression）：小于或等于表达式的最大整数，返回与表达式相同的数据类型。

（13）EXP（float_expression）：返回表达式的指数值。

（14）LOG（float_expression）：返回表达式的自然对数值（以 e 为底）。

（15）LOG10（float_expression）：返回表达式的对数值（以 10 为底）。

（16）PI( )：返回 3.1415926535897936。

（17）POWER（numeric_expression，y）：表达式的 y 次幂，返回与表达式相同的数据类型。

（18）ABS（numeric_expression）：表达式的绝对值，返回与表达式相同的数据类型。

（19）RAND（[integer_expression]）：用任选的[integer_expression]做种子，得出 0～1 之间的随机浮点数。

（20）ROND（numeric_expr，integer_expr）：以 numeric_expr 为精度的四舍五入值，返回与表达式相同的数据类型，可以是 INTEGER、MONEY、REAL、FLOAT 数据类型。

（21）SIGN（numeric_expression）：符号函数值 1，0，−1，返回与表达式相同的数据类型。

（22）RT（float_expression）：返回表达式的平方根。

8.2.3 字符串函数

字符串函数用于对二进制数据、字符串及其表达式执行不同的运算，包括字符串连接。

通常情况下，字符串函数用于 CHAR、NCHAR、VARCHAR、NVARCHAR、BINARY 和 VARBINARY 数据类型，以及可以隐式转换成 CHAR 或 VARCHAR 的数据类型。

　　字符串可以嵌套使用，此时外部函数的作用对象为内部函数的返回值。如果字符串函数使用了字符串常量，应该用引号把它们括起来。通常，字符串函数在 SELECT 语句及其 WHERE 从句中使用。

　　（1）ASCII 函数。返回字符表达式的首字符的 ASCII 值，语法为：

ASCII 函数(<字符串表达式>)

　　（2）CHAR 函数。把 ASCII 码换成字符。如果输入的编码不在 0～255 之间，则返回 NULL，其语法如下：

CHAR(<整型表达式>)

　　【例 8-10】　SELECT ASCII（'bcd'），CHAR（66）
　　运行结果：98 B

　　（3）SOUNDEX 函数。用于返回字符串的四位数字的 SOUNDEX 码，该码在用 DIFFERENCE 函数比较两个字符串时使用。SOUNDEX 函数将使首字符相同、发音相近的字符串返回相同的 SOUNDEX 码。用 SOUNDEX 函数可查找有同样拼写错误的字符串，其语法如下：

SOUNDEX(<字符串表达式>)

　　（4）DIFFERENCE 函数。返回两个字符串表达式拼写上的差异，该差异值是用 0～4 之间的值表示的，其中 4 代表最佳匹配，函数语法如下：

DIFFERENCE(<字符串表达式 1>,<字符串表达式 2>)

　　【例 8-11】　SELECT SOUNDEX（'a'），SOUNDEX（'aaa'）
　　运行结果为：A000

SELECT DIFFERENCE ('the','teh')

　　运行结果为：4

　　（5）LOWER 函数。将大写字符串转换成小写字符串，其语法为：

LOWER(<字符串表达式>)

　　（6）UPPER 函数。将小写字符串转换成大写字符串，其语法为：

UPPER(<字符串表达式>)

　　【例 8-12】　SELECT LOWER（'BeiJing'），UPPER（'BeiJing'）
　　运行结果为：beijing　　BEIJING
　　（7）LEN 函数。用于返回字符串的长度，语法为：

LEN(<字符串表达式>)

　　【例 8-13】　SELECT LEN（'JXZBK02101'）
　　运行结果为：10
　　（8）LTRIM 函数。删除字符串左边的空格，语法为：

LTRIM(<字符串表达式>)

（9）RTRIM 函数。删除字符串右边的空格，语法为：

RTRIM(<字符串表达式>)

若同时想删除字符串左边和右边的空格，此时可嵌套使用以上两个函数。

LTRIM (RTRIM (<字符串表达式>))

【例 8-14】　SELECT LTRIM（RTRIM（'BeiJing'））

运行结果为：BeiJing

（10）CHARINDEX 函数。返回字符串中指定的子字符串出现的开始位置，CHARINDEX 函数有两种用法：

- 第一种是直接查找指定子字符串在字符串中出现的开始位置，语法为：CHARINDEX（<子字符串>，<字符串>）
- 第二种是查找指定子字符串在表的指定列的各列值中出现的开始位置，语法为：CHARINDEX（<子字符串>，列名）

（11）PATINDEX 函数。用于查找指定子字符串在表中的指定列的各列值中出现的开始位置。如果没有发现子串，则返回 0。PATINDEX 函数可用于 CHAR、VARCHAR 和 TEXT 数据类型。子字符串前后都带有百分号（%）作为通配符，语法为：

PATINDEX ('%子字符串%', <列名>)

【例 8-15】　SELECT CHARINDEX（'管理'，'信息管理学院'），
　　　　　　　CHARINDEX ('管理', workUnit), PATINDEX ('%方%', readerName)
　　　　　　　FROM Reader

运行结果如图 8-1 所示。

（12）LEFT 函数。返回从目标字符串（或列值）左边开始计数的子字符串。该函数有两个参数，第一个参数为目标字符串，第二个参数为计数的数值。如果计数值为负值，则返回 NULL。LEFT 函数语法如下：

LEFT (<字符串表达式>, 整数)

（13）RIGHT 函数。返回从目标字符串（或列值）右边开始计数的子字符串。该函数有两个参数，第一个参数为目标字符串，第二个参数为计数的数值。如果计数值为负值，则返回 NULL。RIGHT 函数语法如下：

RIGHT (<字符串表达式>, 整数)

（14）SUBSTRING 函数。从目标字符串（或列值）中，返回指定起始位置和长度的子字符串。该函数有 3 个参数，第一个参数是目标字符串，第二个参数是子字符串的起始位置，第三个参数是子字符串的长度。语法如下：

SUBSTRING (<字符串表达式>, 起始位置,长度)

	[无列名]	[无列名]	[无列名]
1	3	3	0
2	3	0	2
3	3	3	0
4	3	3	0
5	3	0	0
6	3	0	0
7	3	0	0
8	3	0	0
9	3	0	0
10	3	0	0
11	3	3	0
12	3	0	0
13	3	0	0
14	3	0	0
15	3	3	0
16	3	0	0
17	3	0	0
18	3	0	0
19	3	0	0
20	3	3	0
21	3	0	0
22	3	0	0
23	3	0	0

图 8-1　[例 8-15] 的运行结果

【**例 8-16**】 SELECT LEFT ('beijing',3), RIGHT ('beijing',4),

  SUBSTRING ('beijing',3,4)

运行结果为：bei   jing   igin

（15）REPLICATE 函数。用于将字符串复制指定遍数，形成一新字符串。该函数带两个参数，第一个参数指定要进行复制的字符串；第二个参数指定要复制的遍数。如果第二个参数为负，则函数返回 NULL。REPLICATE 函数的语法如下：

REPLICATE (字符串表达式, 整数表达式)

【**例 8-17**】 SELECT REPLICATE('BeiJing', 3)

运行结果为：BeiJingBeiJingBeiJing

（16）REVERSE 函数。返回倒序字符串或列值，字符串自变量可以是常量、变量或列值，语法如下：

REVERSE (字符串|列名)

【**例 8-18**】 SELECT REVERSE ('BeiJing')

运行结果是：gniJieB

（17）连接运算符（+）。连接两个或两个以上的字符串或二进制串、列名或者串和列的混合体。连接运算符将后一个串加入到前一个串的末尾，连接时应将字符串包括在单括号内，语法如下：

<字符串表达式 1>+<字符串表达式 2>

（18）SPACE 函数。返回指定长度的空格字符，如果参数为负，则返回 NULL。SPACE 函数语法如下：

SPACE(<整数表达式>)

【**例 8-19**】 SELECT LTRIM ('Bei') +SPACE (3) +RTRIM ('Jing')

运行结果：Bei   Jing

（19）STR 函数。把数值数据转换成字符数据。STR 函数语法如下：

STR(<浮点型表达式> [,<长度> [,<小数长度>]])

应确保"长度"和"小数长度"都是非负整数。如果没有指定"长度"，默认值为 10。默认情况下，返回值四舍五入为整数。指定"长度"应该大于等于整数部分的位数加上正负号。如果"浮点型表达式"超过了指定的"长度"，则返回指定长度的以"*"构成的字符串。

【**例 8-20**】 SELECT STR (–123.45, 7, 1), STR(123.45, 5, 2)

运行结果为：–123.5   123.5

（20）STUFF 函数。把字符串 2 插入到字符串 1 中。带四个参数，参数"长度"指定了字符串 1 中被替换的字符的数目，从参数"起始位置"指定的位置处开始替换。STUFF 函数不能用于 TEXT 和 IMAGE 数据类型。STUFF 函数的语法如下：

STUFF (字符串 1, 起始位置, 长度, 字符串 2)

其中，若"起始位置"或"长度"为负，或"起始位置"大于字符串 1 的长度，则返回 NULL。

【例 8-21】 SELECT STUFF ('BeiJing', 2, 5,' 1234567')

运行结果为：B1234567g

8.2.4 日期函数

使用日期函数在 DATETIME 类型和 SMALLDATETIME 类型的值上执行数学运算，与其他函数一样，日期函数可用在 SELECT 语句或 WHERE 从句中。

（1）DATENAME 函数。该函数以字符串形式返回日期的指定部分，语法如下：

DATENAME (<日期部分>, <日期>)

（2）DATEPART 函数。该函数以整数值的形式返回日期的指定部分，语法如下：

DATEPART (<日期部分>, <日期>)

（3）GETDATE 函数。该函数以 SQL Server 中 DATETIME 值的默认格式返回当前日期和时间。GETDATE 函数的自变量可为 NULL。语法为：GETDATE ( )

（4）DATEADD 函数。该函数将日期的指定部分加上指定的间隔，返回值是 DATETIME 类型。语法如下：

DATEADD (<日期部分>, <间隔>, <日期>)

（5）DATEDIFF 函数。该函数返回两个日期之间的间隔。它带 3 个参数：日期部分和两个日期。返回一个带符号的整数值，它等于两个日期的间隔，以日期部分为计量单位的数值。语法如下：

DATEDIFF (<日期部分>, <日期 1>, <日期 2>)

【例 8-22】 几种日期函数的使用。

SELECT GETDATE ( ), DATENAME (year, GETDATE( )),
DATEPART (month, GETDATE( )), DATEADD (day, 4, GETDATE( )),
DATEDIFF (hour, GETDATE ( ), DATEADD (day, 4, GETDATE( )))

运行结果如图 8-2 所示。

	[无列名]	[无列名]	[无列名]	[无列名]	[无列名]
1	2014-03-31 16:17:46.983	2014	3	2014-04-04 16:17:46.983	96

图 8-2 ［例 8-22］的运行结果

8.2.5 转换函数

（1）CAST 函数。该函数是标准的 ANSI SQL 语言，用于进行数据类型转换。CAST 函数的语法如下：

CAST (表达式 AS 数据类型)

在 CAST 函数对 MONEY 或 SMALLMONEY 数据类型转换成字符型数据时，将保留两位小数。如果要完整保留 4 位小数，可先将其转换成 DECIMAL 数据，再转换成 VARCHAR 类型，此时须使用嵌套的 CAST 函数。

【例 8-23】　SELECT CAST ('123' AS SMALLINT)

（2）CONVERT 函数。该函数并非标准的 ANSI SQL 函数，而是 Transact-SQL 的一种语言扩展。该函数将一种数据类型的表达式转换成另一种数据类型的表达式，或特定的日期格式。如果 CONVERT 函数不能完成转换，则收到错误消息。语法如下：

CONVERT (<数据类型> [(<长度>)], <表达式>, [<格式>])

使用 CONVERT 函数时，要注意以下事项：

- "长度"的默认值为 30。
- 从其他类型转换成 BIT 类型时，转换方法是 0 转换成 0，非 0 转换成 1，并以 BIT 类型存储。
- 从 CHAR 或 VARCHAR 类型转换成 INT、SMALLINT 或 TINYINT 类型时，转换值带正号或负号。

【例 8-24】　SELECT CONVERT (CHAR (5), CONVERT (SMALLINT,'012345'))

8.2.6　其他函数

（1）ISNULL 函数。当表达式为 NULL 值时，系统函数 ISNULL 以指定的字符串或数字替换显示。语法为：

ISNULL（表达式，值）

其中，"表达式"是可能包含 NULL 值的列名，"值"指定当发现 NULL 时显示的字符串或数字。

（2）NULLIF 函数。当两个表达式值相同时，系统函数 NULLIF 返回 NULL；当两个表达式值不相同时，返回第一个表达式的值。语法如下：

NULLIF (表达式 1, 表达式 2)

（3）COALESCE 函数。用于返回第一个非空表达式，其语法如下：

COALESCE (表达式 1, 表达式 2)

COALESCE 函数带两个参数，当第一个表达式为 NULL 时，COALESCE 返回"表达式 2"，若第一个表达式为 NOT NULL，则返回"表达式 1"。

实际上，COALESCE 函数可以带两个以上的参数，此时 COALESCE 函数返回参数表中第一个非 NULL 表达式。如果没有非 NULL 值出现，且参数超过两个时，函数返回 NULL。

【例 8-25】　将学号为 0700001 的学生所选的课号为 006 的课程以"数据库系统原理"显示，而该同学选的其他课程仍显示课程号。

SELECT COALESCE (NULLIF (courseNo, '006'), '数据库系统原理')
FROM Score
WHERE studentNo='0700001'

8.3　SQL Server 编程结构

本节介绍 Transact-SQL 编程中最常用的一些功能。

8.3.1 注释

注释语句通常是一些说明性的文字，用于对 SQL 语句的作用、功能等给出简要的解释和提示。注释语句不是可执行语句，不参与程序的编译。

SQL Server 支持两种形式的注释语句，其语法分别为：

/*注释文本*/

或

--注释文本

单行注释一般采用"--"开始的注释，遇到换行符即终止。多行注释则一般用"/*"和"*/"括起来。注释不限最大长度。

8.3.2 批处理

批处理是成组执行的一条或多条 Transact-SQL 指令。批处理被作为整体进行语法分析、优化、编译和执行。如果批处理的任何部分在语法上不正确，或批处理参照的对象不存在，则整个批处理无法执行。

Go 语句用于指定批处理语句（或语句块）的结束处，单独占用一行。GO 本身并不是 Transact-SQL 语句的组成部分，它只是一个用于表示批处理结束的前端指令。

使用批处理时要注意以下几点：

- 不能在同一个批处理中删除数据库对象（表、视图和存储过程等），然后又引用或重新创建它们。
- 不能在同一个批处理中，修改表的列后又引用它们。
- 用 SET 语句设置的选项只有在批处理结束后才使用。可以将 SET 语句与查询在批处理中组合起来，但有些 SET 选项不能在批处理中使用。

8.3.3 变量

变量是 SQL Server 中由系统或用户定义的可赋值的实体，它分为全局变量和局部变量两种。

1. 全局变量

全局变量是用来记录 SQL Server 服务器活动状态的一组数据，由系统定义并保留在系统中，它们在存储过程中随时有效，不用另行申明。其名称以两个@字符开头。

SQL Server 提供了 30 多个全局变量，下面介绍一些主要的全局变量及其功能。

- @@servername：用于记录服务器的名称。
- @@version：用于记录所安装的 SQL Server 数据库系统软件的版本号。
- @@cpu_busy：返回本次启动以来所花费的 cpu 时间总量，以毫秒为单位。
- @@IO_busy：返回 SQL Server 本次启动以来输入/输出操作花费的时间总量。
- @@connections：返回 SQL Server 自本次启动以来所接受的连接或试图连接次数。

【例 8-26】 用全局变量检索 SQL Server 的版本号和数据库服务器。

SQL 语句及运行结果如图 8-3 所示。

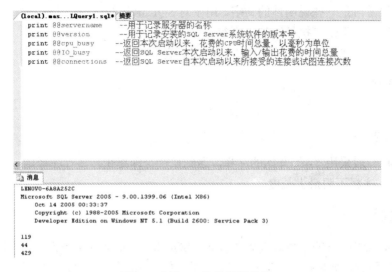

图 8-3　〔例 8-26〕的运行结果

2．局部变量

局部变量是由用户定义和赋值，它在一个批处理中申明、赋值和使用，在该批处理结束时失效。

（1）局部变量的声明格式为：

Declare　@局部变量名　数据类型

Declare　@局部变量名　数据类型

……

其中，局部变量名遵守 SQL Server 标识符命名规则，局部变量的数据类型可以是除 text、ntext 和 image 类型外所有的系统数据类型和用户自定义数据类型。

（2）为局部变量赋值可以采用 SET 语句或 SELECT 语句。如果事先不对变量进行赋值，那么变量将保持 NULL 状态。

采用 SET 语句的语法格式如下：

SET　@变量名=表达式

采用 SELECT 语句的语法如下：

SELECT　@变量名=表达式

SELECT @变量名=表达式，@变量名=表达式

FROM　表名

WHERE　列名　比较运算符　　列值

其中，如果 SELECT 语句返回多个数值，则局部变量取最后一个返回值。SELECT 语句的赋值功能和查询功能不能混合使用，否则系统会产生错误信息。

【例 8-27】 DECLARE @A3 INT

SELECT   @A3=count (*)

FROM   Student

WHERE   sex='女'

PRINT @A3

运行结果为：10

8.3.4 显示信息

在执行 SQL 语句的过程中，如果需要为用户或应用程序提供信息，则可以使用 PRINT 语句或 RAISERROR 语句。

1. PRINT 语句

PRINT 语句用于在指定设备（或显示器）上显示信息。它可以显示字符串或变量。PRINT 语句最多可以显示 8000 个字符。可以输出的数据类型只有 CHAR、NCHAR、VARCHAR、NVARCHAR 及全局变量@@VERSION，所输出的字符串可以用 "+" 连接，语法如下：

PRINT   ASCII 字符串 |@ 局部变量 |@@ 全局变量

【例 8-28】 DECLARE   @x   int, @y int

SELECT   @x=10, @y=20

PRINT   'The result is '+convert (varchar(2), @x+@y)

运行结果为：The result is 30

运行 PRINT 语句只能在屏幕上打印字符数据类型。其实，如果是因为调试需要显示变量的值，则可以使用 SELECT 语句，使用 SELECT 语句并不需要把一个变量转换成字符类型。

2. RAISERROR 语句

RAISERROR 语句用于在 SQL Server 返回错误消息的同时返回用户指定的信息，它设置了一个系统标记，记录产生的错误。语法如下：

RAISERROR(<错误号> | <错误消息>,[严重度][,状态][,参数 1][,参数 2])

[WITHLOG]

错误号是整型表达式，是用户指定的错误或信息号，其取值范围为 50000～2147483647，最后一个错误代码存储在全局变量@@ERROR 中。错误消息用于指定用户定义的错误消息，文本最长为 255 个字符，严重度默认为 16。

【例 8-29】 显示错误号为 99999，严重度 16，状态 1，发生错误的行号及错误消息文本。

RAISERROR 99999 'EXAMPLE ERROR'

PRINT CONVERT (CHAR(5), @@ERROR)

GO

运行结果为：消息 99999，级别 16，状态 1，第 1 行

EXAMPLE ERROR

99999

8.3.5　流控制语句

Transact-SQL 包括一些用来改变一组语句执行顺序的语句，称为流控制语句。流控制语句允许用户组织语句，从而提供通用程序语言的功能。

1．条件语句

条件语句用于控制批处理中条件执行。如果满足关键字 IF 之后的设定条件，即执行 IF 分支的语句，如果不满足设定条件，则执行 ELSE 分支的语句。条件语句的语法如下：

IF　条件表达式 1
　　语句
[ELSE [IF　条件表达式 2]
　　语句
]

IF 语句常与关键字 EXISTS 结合使用，其结构为：

IF [NOT] EXISTS（SELECT　语句）
　　语句
ELSE
　　语句

这个结构执行的逻辑判断是检测是否存在满足条件的数据，而且只要检测到有一行存在，就将返回正确结果。

【例 8-30】　若表 Score 中存在大于等于 90 分的成绩，则显示 YES，否则显示 NO。

IF EXISTS (SELECT * FROM Score WHERE score>=90)
　　　PRINT 'YES'
ELSE
　　　PRINT 'NO'

运行结果为：YES

2．语句块

一组 Transact-SQL 语句作为一个单元执行称为语句块。关键字 BEGIN 用于标志语句块的开始，关键字 END 用于标志语句块的结束，语句块定义的语法如下：

　　BEGIN
　　　　语句 1
　　　　语句 2
　　　　……
　　END

语句块经常在条件语句和循环语句中使用。

【例 8-31】　求：人数最多的班级人数。

```
DECLARE    @class_name   VARCHAR (30), @class_num   INT
SET    @class_num=0
IF EXISTS (SELECT   *   FROM   class)
   BEGIN
         SELECT @class_name=className, @class_num=classNum
         FROM Class
         WHERE classNum= (SELECT MAX (classNum)   FROM Class)
         PRINT @class_name
         PRINT @class_num
   END
ELSE
      PRINT '班级表中无记录'
```

运行结果为：信息管理与信息系统-01 班

　　　　　　36

3. 循环语句

循环语句 WHILE 用于定义当条件为真时，重复执行 WHILE 语句后面表达式中的一条或多条语句。循环语句的语法为：

```
WHILE   <逻辑表达式>
     <SQL 语句>
```

如果 WHILE 语句的逻辑表达式返回多个值，就应该使用 EXISTS 关键字，而不应使用任何比较运算符，否则系统会提示错误信息。

定义 WHILE 语句时必须小心，如果 WHILE 语句的逻辑表达式取值一直为 TRUE，将进入死循环。

【**例 8-32**】 将初始值为 1 的变量依次递增，直至其值为 10，而后显示其值。

```
DECLARE @mysum INT
SET @mysum=1
WHILE @mysum <10
        SET @mysum =@mysum +1
PRINT @mysum
```

运行结果为：10

4. 分支语句

分支语句 CASE 用于根据多个分支条件，确定执行内容。CASE 语句列出一个或多个分支条件，并对每个分支条件给出候选值。然后，按顺序测试分支条件是否得到满足。一旦发现有一个分支条件满足，CASE 语句就将该条件对应的候选值返回。CASE 语句有两种用法：简单分支和搜寻分支。

（1）简单分支。在此用法中，将 CASE 语句的表达式与每个分支条件表达式进行比较。

如果相等，将返回相应的候选值。简单分支语句的语法如下：

```
CASE  表达式
        WHEN 分支条件表达式 1   THEN   候选值表达式 1
    [ [ WHEN 分支条件表达式 2   THEN   候选值表达式 2 ]
        [……]]
        [ ELSE  候选表达式 N ]
END
```

如果 CASE 语句中不使用 ELSE 从句，则对于不匹配的行返回 NULL。

【例 8-33】 显示成绩表中的学号，成绩和课号（若课号为'001'，显示'高等数学'；若课号为'002'，显示'离散数学'；若课号为'003'，显示'计算机原理'；若课号不是'001'，'002'，'003'，显示'其他'）。

```
SELECT studentNo, score, courseNo=
                CASE courseNo
                    WHEN '001'   THEN   '高等数学'
                    WHEN '002'   THEN   '离散数学'
                    WHEN '003'   THEN   '计算机原理'
                    ELSE     '其他'
                END

FROM    Score
```

	studentNo	score	courseNo
1	0700001	83	高等数学
2	0700001	76	离散数学
3	0700001	56	其他
4	0700002	69	计算机原理
5	0700002	87	其他
6	0700002	88	其他
7	0700002	90	其他
8	0700003	65	高等数学
9	0700003	63	离散数学
10	0700003	50	其他
11	0800001	73	高等数学
12	0800001	73	离散数学
13	0800001	70	计算机原理
14	0800001	58	其他
15	0800001	88	其他
16	0800001	72	其他

图 8-4 ［例 8-33］运行结果

运行结果如图 8-4 所示。

（2）搜寻分支。此用法中，CASE 语句依次判断各分支条件中的逻辑表达式，如果结果为 TRUE，则返回相应地候选值。搜寻分支语句的语法如下所示：

```
CASE
        WHEN 分支条件逻辑表达式 1   THEN   候选值表达式 1
        [ [ WHEN 分支条件逻辑表达式 2   THEN   候选值表达式 2 ]
        [……]
        [ ELSE  候选值表达式 N ]
END
```

【例 8-34】 显示成绩表中的学号、课号、成绩。成绩以优、良、中、及格、不及格显示。

```
SELECT studentNo, courseNo, score=
                CASE
                    WHEN score>=90   THEN   '优'
```

WHEN score>=80   THEN   '良'
WHEN score>=70   THEN   '中'
WHEN score>=60   THEN   '及格'
ELSE   '不及格'
END
FROM   Score

运行结果如图 8-5 所示。

（3）COALESCE 函数替换 CASE 语句。COALESCE 函数可在一定程度上替换 CASE 语句，语法如下：

COALESCE (表达式 1, 表达式 2)

如果表达式 1 不为 NULL，则返回表达式 1，否则（为 NULL），返回表达式 2。

【例 8-35】 显示课程表中的课程名称和先修课程，若没有先修课程，则显示"无"。

SELECT courseName, priorCourse= COALESCE (priorCourse, '无')
FROM   Course

运行结果如图 8-6 所示。

	studentNo	courseNo	score
1	0700001	001	良
2	0700001	002	中
3	0700001	006	不及格
4	0700002	003	及格
5	0700002	004	良
6	0700002	005	良
7	0700002	007	优
8	0700003	001	及格
9	0700003	002	及格
10	0700003	007	不及格
11	0800001	001	中
12	0800001	002	中
13	0800001	003	中
14	0800001	004	不及格
15	0800001	005	良
16	0800001	006	中
17	0800001	007	中

图 8-5　［例 8-34］的运行结果

（4）NULLIF 函数替换 CASE 语句。NULLIF 函数可直接用在 CASE 语句中，也可在一定程度上替换 CASE 语句。NULLIF 函数的语法如下：

NULLIF (表达式 1, 表达式 2)

如果表达式 1 等于表达式 2，则返回为 NULL，否则返回表达式 1。

【例 8-36】 显示班级信息表中的班号，班级人数、如果是信息管理与信息系统 08_01 班，直接显示信管 08_01 班。

SELECT classNo
        =COALESCE (NULLIF (classNo, 'IS0801'), '信管 08_01 班')
        , classNum
FROM   Class

运行结果如图 8-7 所示。

	courseName	priorCourse
1	高等数学	无
2	离散数学	001
3	计算机原理	无
4	C语言程序设计	003
5	数据结构	004
6	数据库系统原理	005
7	操作系统	003

图 8-6　［例 8-35］的运行结果

	classNo	classNum
1	CP0801	30
2	CP0802	31
3	CP0803	32
4	CS0701	33
5	CS0702	29
6	CS0801	27
7	ER0701	25
8	IS0701	35
9	信管08_01班	36

图 8-7　［例 8-36］的运行结果

8.4　游标

数据库中的游标是类似于 C 语言指针一样的结构，通常情况下，数据库执行的大多数 SQL 命令都是同时处理集合内部的所有数据。但是，有时用户需要对这些数据集合中的每一个进行操作。若把这种工作放到数据库前端，用高级语言来实现，将延长执行的时间。通过使用游标，可以在服务器端就有效解决这个问题。游标提供了一种在服务器内部处理结果集的方法，它可以识别一个数据集合内部指定的工作行，从而可以有选择地按行采取操作。

8.4.1　声明游标

在使用游标前要先声明游标，即创建游标的结构。声明游标的语句如下：

DECLARE　游标名 [INSENSITIVE] [SCROLL] CURSOR
FOR SELECT 语句
[FOR READ ONLY | UPDATE [OF　列名 1，列名 2，列名 3……]]

其中，各项含义如下：

（1）游标名。必须遵守 Transact-SQL 对标识符的命名规则。

（2）INSENSITIVE。声明静态游标。使用 INSENSITIVE 定义的游标，会把提取出来的数据放在一个 Tempdb 数据库里创建的临时表中。通过游标进行的操作也在临时表里进行，因此对基本表的改动都不会在游标中体现出来。如果省略此关键字，那么用户对基本表所做的任何改动，都将在游标中体现出来。

（3）SCROLL。声明滚动游标，这样的游标包括如下所示的取数功能。

- FIRST：取第一条记录。
- LAST：取最后一条记录。
- PRIOR：取前一条记录。
- NEXT：取后一条记录（默认功能）。
- RELATIVE：按相对位置取数据。
- ABSOLUTE：按绝对位置取数据。

（4）SELECT 语句。用来定义游标所要进行处理的结果集。

（5）READ ONLY。声明此游标为只读游标，不允许通过它进行数据的更新。

（6）UPDATE[OF 列名 1，列名 2，列名 3……]。用来定义在这个游标里可以更新的列。如果没有定义[OF 列名 1，列名 2，列名 3……]，那么游标里的所有列都可以被更新。

【例 8-37】定义游标用于从 Student 表中获取数据，此游标为只读游标，其结果集中包括 Student 表中所有男同学的学号和姓名。但只能进行相对定位，若需要进行绝对定位，可在 DECLARE 语句中添加 SCROLL 关键字。

DECLARE cur CURSOR
FOR

SELECT studentNo，studentName FROM Student

WHERE sex='男'

GO

8.4.2 打开游标

在使用游标之前，必须打开游标，打开游标的语法为：

OPEN 游标名

在执行打开游标语句时，服务器执行声明游标时使用的 SELECT 语句，如果使用了 INSENSITIVE 关键字，则服务器会在 Tempdb 数据库中建立一张临时表，以存取游标将要操作的数据集的副本。

【例 8-38】 若打开前面定义的游标，可使用以下语句：

OPEN cur

在打开游标后，可使用@@CURSOR_ROWS 全局变量返回当前声明游标可以操作的数据行的数量。该全局变量有四种取值：

- –m：表示游标异步构造，其绝对值表示目前已经读取的数据行数。
- –1：动态游标的返回值。
- 0：表示没有打开游标。
- n：表示游标构造完毕，包括 *n* 行数据。

游标打开后，将按声明游标时的状态处理变量。若声明游标时，SELECT 语句中的变量未赋值，即使在打开游标时对变量进行赋值，结果仍为空。

8.4.3 存取游标

游标处于打开状态后，就可以从游标中获取数据。除非游标定义时使用了 SCROLL 关键字，否则只允许按顺序从光标的结果集中获取数据。游标存取的语法如下：

FETCH

    [[NEXT| PRIOR| FIRST | LAST| ABSOLUTE n| RELATIVE n] FROM]

{ { [GLOBAL] 游标名 } | @ 游标变量名 }

[INTO @变量名 1 [,……,@ 变量名 *n*]]

其中，FETCH 语句中的各选项含义如下：

- NEXT：返回打开游标后数据集中的下一行（默认选项）。
- PRIOR：返回打开游标后数据集中的上一行。
- FIRST：返回打开游标后数据集中的第一行。
- LAST：返回打开游标后数据集中的最后一行。
- ABSOLUTE n：返回打开游标后数据集的第 *n* 行。如果 *n* 为负，则从数据行集的末尾算起。
- RELATIVE n：返回数据集中相对于当前记录的第 *n* 行。如果 *n* 为负，则从当前行开始往回数。

- **FROM**：此关键字的作用是提高程序的可读性。它表明下一个关键字是游标，数据取自该游标。
- **INTO**：游标返回的数据可以保存在变量中备用。其中变量的数据类型必须与游标返回数据行的数据类型完全匹配，否则将产生错误。

每次执行 FETCH 语句，全局变量@@FETCH_STATUS 都被修改，该变量有三种取值：取 0 表示存取成功；取–1 表示没有取出数据，因为光标定位的位置超出了结果集；取–2 表示取出的行不再是结果集的成员。

因此，在对数据行操作之前，可以通过检查@@FETCH_STATUS 的值，检查通过游标取出数据行的合法性。

如果要存取游标结果集中的所有行，可采用下述循环：

```
FETCH   [NEXT] 游标名
INTO    @变量名 1 [, ......, @ 变量名 n]
WHILE @@FETCH_STATUS
BEGIN
......
FETCH   [NEXT] 游标名
INTO    @变量名 1 [, ......, @ 变量名 n]
END
```

📖　因为打开游标时，游标默认位置是在结果集中第一条记录的前面。

【例 8-39】 对上面已经打开的游标进行存取，先存放在变量中，再显示出来。

```
DECLARE @number VARCHAR (20), @name VARCHAR (20)
FETCH   NEXT FROM cur
INTO @number, @name
WHILE @@FETCH_STATUS=0
BEGIN
        PRINT '学号:'+@number+'   姓名:'+@name
        FETCH   NEXT FROM cur   INTO @number，@name
END
```

运行结果如图 8-8 所示。

8.4.4　定位游标

游标可以定位基础表中的数据行，游标定位的语法如下：

WHERE CURRENT OF   游标名

使用 WHERE CURRENT OF 语句定位时，基础表的数据行就是游标结果集的当前数据行。

用游标存取数据时，并不需要使用 WHERE CURRENT OF 语句定位，只有当游标修改和删除基础表中的数据行时，才需要使用 WHERE CURRENT OF 语句定位。

8.4.5 关闭游标

在打开游标以后，SQL Server 服务器会专门为游标开辟一定的内存空间存放游标操作的数据集，同时使用游标也可能会对某些数据进行封锁。所以，在不使用游标的时候，一定要关闭游标，以通知服务器释放游标所占用的资源。

学号：	0700004	姓名：	张可立
学号：	0700005	姓名：	王 红
学号：	0700006	姓名：	李湘东
学号：	0700008	姓名：	李相东
学号：	0800001	姓名：	李勇
学号：	0800004	姓名：	张立
学号：	0800005	姓名：	王红
学号：	0800006	姓名：	李志强
学号：	0800009	姓名：	黄勇
学号：	0800011	姓名：	江宏吕
学号：	0800012	姓名：	王立红
学号：	0800014	姓名：	刘宏昊
学号：	0900007	姓名：	王晓

图 8-8 ［例 8-39］的运行结果

关闭游标的语法如下：

CLOSE 游标名

在一个批处理中，可以多次打开和关闭游标。

8.4.6 释放游标

游标结果本身也会占用一定的计算机资源，所以在使用完游标后，为了回收被游标占用的资源，应该将游标释放。

释放游标的语法如下：

DEALLOCATE 游标名

释放游标后，如果要重新使用这个游标，则必须重新执行声明游标的语句。

8.4.7 游标使用实例

1．用游标查询数据

用游标查询数据的主要步骤为：

（1）声明游标，建立游标结构。

（2）打开游标，并从结果集中获取第一条记录。

（3）循环从游标中存取数据行，直到存取并处理完所有的数据行。

（4）关闭并释放游标。

2．用游标修改数据

若要用游标对基础表的数据行进行更新操作，声明游标时需要使用 UPDATE 关键字。

用游标修改数据时，需用"WHERE CURRENT OF 游标名"来定位要修改的数据行，执行完毕后，基础表中相应的数据行同步会得到修改。

【例 8-40】 将课程号为 002 的学生成绩除 3 加 50。

DECLARE @studentNo char (7), @courseNo char (3), @score　numeric

DECLARE mycur CURSOR FOR

　　　SELECT studentNo, courseNo,score　　FROM　Score

　　　WHERE courseNo='002'

　　　FOR UPDATE OF score

OPEN mycur

FETCH　mycur　INTO　@studentNo, @courseNo, @score

WHILE @@fetch_status=0

BEGIN

　　UPDATE Score　SET score=score/3+50

　　WHERE CURRENT OF mycur

　PRINT　'本次修改了学号为'+@studentNo+'　成绩'+convert (char, @score)

　　　FETCH　mycur　INTO　@studentNo, @courseNo, @score

END

CLOSE mycur

DEALLOCATE　mycur

3．用游标删除数据

　　若要用游标删除基础表的数据行，在声明游标时需要使用 UPDATE 关键字。由于删除数据行时涉及数据行的所有列，因此在 UPDATE 关键字后应包括所有列。

　　用游标删除基础表的数据行时，需使用"WHERE CURRENT OF　游标名"来定位要删除的数据行。删除完毕后，基础表中相应的数据行会同步得到删除。

　　【例 8-41】　将学号为 0700001 的没有成绩的课程删除。

DECLARE @studentNo char (7), @courseNo char (3), @score　numeric

DECLARE mycur CURSOR FOR

　　SELECT studentNo, courseNo, score　FROM Score

　　WHERE studentNo='0700001'

　　FOR UPDATE OF studentNo, courseNo, score

OPEN mycur

FETCH mycur INTO @studentNo, @courseNo, @score

　　WHILE @@FETCH_STATUS=0

　　BEGIN

　　　IF　　@score　IS NULL

　　　DELETE FROM Score WHERE CURRENT OF mycur

　　　FETCH mycur INTO @studentNo, @courseNo, @score

　　END

CLOSE mycur

DEALLOCATE mycur

8.5 存储过程

存储过程是更高级别的 Transact-SQL 应用程序，它是在服务器上创建、运行的程序及过程。这些程序可由应用程序的调用启动，也可由数据完整性规则或触发器调用。存储过程通常只需在首次运行时编译，从而可加快复杂查询的运行速度。

一个存储过程包含一组经常执行的、逻辑完整的 SQL 语句，可以传递参数、返回数值、修改数值等。因此可以说，存储过程是用户能简单地将其作为一个函数来调用，无需重复执行存储过程中的 SQL 语句。

存储过程按作用可以分为两种类型：第一种是查询类型，类似于 SELECT 查询，用于查询数据，查询到的数据以数据行集合的形式返回；第二种类型是操作类型，类似于 INSERT，UPDATE，DELETE 语句，用于执行插入数据行，修改数据行和删除数据行等操作。执行存储过程时，条件语句中的可变参数的值、插入数据行时各列的值都需要由存储过程提供，这些是存储过程的输入参数；同样，查询结果也需要由存储过程返回，这些是存储过程的输出参数。存储过程执行完毕后，执行成功与否也需要返回相应的信息，这通过存储过程的状态参数实现。

8.5.1 创建并运行存储过程

1. 创建存储过程

最简单的存储过程是返回简单结果集，不带任何参数的存储过程和查询的作用相似。语法如下：

CREATE　PROC[EDURE]　存储过程名
AS
SQL 语句
……

【例 8-42】 建立一个存储过程，用来查询 Student 表中的信息。

先检查同名的存储过程是否存在，方法是在 sysobjects 表中进行查询，如果存在，就先删除原有的存储过程。

IF EXISTS (SELECT name FROM sysobjects WHERE name='search_student' AND type='p')
DROP PROCEDURE search_student
GO
CREATE PROCEDURE　search_student
AS
　select * from Student

2. 利用向导创建存储过程

SQL Server 提供了存储过程创建向导，用于快速生成添加数据行、更新数据行和删除数据行的存储过程。尽管存储过程向导无法生成所有的存储过程，但对于生成执行添加、更新和删除操作的基本存储过程却十分方便。

用企业管理器创建存储过程的步骤如下：

- 展开服务器组和服务器，展开"数据库"文件夹，再展开要在其中创建存储过程的数据库，展开"可编程性"，右击"存储过程"，选择"新建存储过程"选项。
- 输入存储过程的文本。
- 若要检查语法，单击"检查语法"命令。
- 若要设置权限，单击"权限"命令。

3．运行存储过程

运用存储过程使用 EXECUTE 语句，语法如下：

EXEC[UTE]　存储过程名

8.5.2　创建带参数的存储过程

存储过程中的参数可以使用各种数据类型及游标，使用方法就如同在编程语言中使用参数那样，作为局部变量。参数名前冠以@符号，表明是参数。

1．带输入参数的存储过程

带输入参数存储过程的语法如下：

CREATE　PROC[EDURE]　存储过程名

@参数 1　数据类型,

······

@参数 n　数据类型

AS

SQL 语句

······

带输入参数的存储过程运行仍采用 EXECUTE 语句，其中，参数的顺序并不要求和创建存储过程时的参数顺序一致，但如果省略参数名，则采取创建时的参数顺序。语法如下：

EXEC[UTE]　存储过程名

[@参数 1 =] 表达式 1,

······

[@参数 n =] 表达式 n

【例 8-43】　创建一个带参数的存储过程，向学生信息表 Student 中插入记录。

IF EXISTS (SELECT name FROM sysobjects WHERE name='pro_insert_student' AND type='p')

DROP PROCEDURE pro_insert_student

GO

CREATE PROC　pro_insert_student

@studentNo char (7), @studentName varchar (20), @sex char (2), @birthday datetime, @native varchar (20), @nation varchar (30), @classNo char (6)

AS INSERT INTO Student

values (@studentNo, @studentName, @sex, @birthday, @native, @nation, @classNo)

GO

运行上面的存储过程采用下面的语句：

EXEC pro_insert_student '0900003', '王小敏', '女', '1993-3-20', '大连', '汉', 'IS0801'

2．带默认值参数的存储过程

如果存储过程中没有提供参数值，或提供的参数值不全，将得到错误消息。可以通过给参数提供默认值，来增强存储过程。语法如下：

CREATE PROC[EDURE] 存储过程名

@参数 1 数据类型[=默认值],

......

@参数 n 数据类型[=默认值]

AS

SQL 语句

......

如果存储过程的输入参数带有默认值，运行存储过程时如果没有提供输入值，则按默认值运行，否则按输入值运行。也可部分参数使用默认值，部分参数使用输入值。

【例 8-44】 创建［例 8-43］中的存储过程，默认民族是"汉族"。

IF EXISTS (SELECT name FROM sysobjects WHERE name='pro_insert_student' AND type='p')

DROP PROCEDURE pro_insert_student

GO

CREATE PROC pro_insert_student

 @studentNo char (7), @studentName varchar (20), @sex char (2), @birthday datetime, @native varchar (20) ='辽宁', @nation varchar (30) ='汉族', @classNo char (6) ='IS0801'

AS INSERT INTO Student

values (@studentNo, @studentName, @sex, @birthday, @native, @nation, @classNo)

GO

EXEC pro_insert_student @studentNo='2010001', @studentName='王大力',

@sex='男', @birthday='1994-1-1'

3．带输出参数的存储过程

OUTPUT 关键字用于指明参数为输出参数，语法如下：

CREATE PROC[EDURE] 存储过程名

@参数 1　数据类型 [=默认值]　OUTPUT,

......

@参数 *n*　数据类型

AS

SQL 语句

......

运行带输出参数的存储过程时，必须预先声明一个变量以存储输出参数返回的值，变量的数据类型应该同输出参数的数据类型相匹配。用 EXECUTE 语句执行存储过程时，语句本身也需要包含关键字 OUTPUT 以完成语句和允许将输出参数返回给变量。

【例 8-45】 建立一个按班级号获得 Student 中学生人数的存储过程。

IF　EXISTS (SELECT　name　FROM　sysobjects　WHERE　name='pro_class_student' AND type='p')

DROP PROCEDURE pro_class_student

GO

CREATE PROC pro_class_student

@classnum decimal　　output, @classNo　　char (6)

AS

SELECT　　@classnum=count (*)　　FROM　　Student

WHERE　　classNo=@classNo

可采用下面的语句来执行此存储过程：

DECLARE　　@num　　decimal

Exec pro_class_student　　@num output，'IS0801'

PRINT @num

运行结果为：7

8.5.3　删除存储过程

使用 DROP PROCEDURE 语句可以删除存储过程。一条 DROP PROCEDURE 语句可删除多个存储过程，语法如下：

DROP PROC ［EDURE］　存储过程 1[, ..., 存储过程 n]

8.6　触发器

触发器是 SQL Server 为应用程序开发人员及数据库分析人员提供的一种保证数据完整性的方法，对于那些有众多不同应用程序访问的数据库，触发器能使数据库推行复杂的修改规则而不是依赖于应用程序。

触发器是一种特殊的存储过程，它依赖于表的数据库对象，在表执行修改操作时自动执行，无需用户调用。触发器也由一组 SQL 语句组成，但它无法由 EXECUTE 语句执行，而是作为 INSERT 语句、UPDATE 语句或 DELETE 语句的一部分，自动执行。触发器是在表的修改操作生效后执行的。如果触发器的请求失败，则表的修改操作将被拒绝。

8.6.1 创建触发器

触发器自身根据依存的表的操作类型分为 INSERT、UPDATE、DELETE 三种，触发器有两种创建方式：用 SQL Server 企业管理器创建或用 Transact-SQL 语句创建。只有数据库的所有者才能创建触发器，因为给表增加触发器时，将改变表的访问方式，以及与其他对象的关系，实际上修改了数据库模式。

1. 用查询分析器创建触发器

创建触发器的语法为：

CREATE TRIGGER [所有者.] 触发器名
ON { [所有者.] 表名| 视图名}
{ FOR | AFTER | INSTEAD OF}
        { [DELETE [,] [INSERT] [,] [UPDATE] }
AS
SQL 语句
……

不能在触发器中使用的 Transact-SQL 语句有：

- CREATE
- DROP
- ALTER TABLE，ALTER DATABASE
- GRANT，REVOKE
- LOAD DATABASE，LOAD TRANSACTION

当表的修改不符合触发器设定的规则时，触发器就认为修改无效，回滚事务，即撤销表的操作，其语法如下：

ROLLBACK [TRAN]

执行此语句所做的操作为：由触发器执行的所有操作都被撤销，由修改语句对基础表执行的所有工作都被撤销，触发器运行结束，当触发器返回后，批处理继续进行。

若要使该语句在撤销表的修改时给出错误消息，可在执行 ROLLBACK 语句时，使用 PRINT 语句提示信息，或使用 RAISERROR 语句返回错误消息。

【例 8-46】 撤销修改操作，返回错误消息。

ROLLBACK TRAN
PRINT 'The row can not be changed!'
RAISERROR ('The modification can not be implemented!', 16, 10)

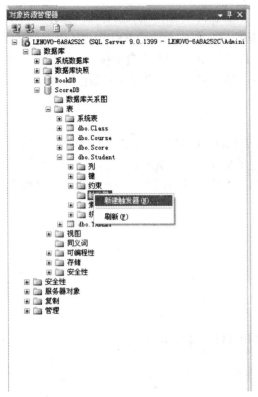

图 8-9　使用企业管理器创建触发器

2. 用企业管理器创建触发器

展开要在其中建立触发器的数据库，展开想要建立存储过程的表，右键触发器，选择"新建触发器"选项，如图 8-9 所示。

在弹出的编辑区输入建立触发器的文本，然后执行操作，并退出编辑区。刷新触发器对象，即可查看到新建立的触发器。

8.6.2　三种触发器

触发器根据其触发类型分为 INSERT 触发器、UPDATE 触发器和 DELETE 触发器 3 种，分别由基础表的插入、删除和更新操作触发执行。

1. INSERT 触发器

该触发器在每次往基础表中插入数据行时触发执行。INSERT 触发器主要有三个用途：检验要插入的数据行是否符合规则、在插入的数据行中增加数据、级联改变数据库中其他数据表。

创建 INSERT 触发器的语法如下：

```
CREATE TRIGGER    触发器名
ON    {  表名| 视图名}
FOR      INSERT
AS
SQL  语句
……
```

【例 8-47】 当插入一学生记录时，提示信息"有人插入了一条记录"。

```
IF EXISTS (SELECT name FROM sysobjects WHERE name='tr_print_student_insert' and type ='TR')
DROP TRIGGER tr_print_student_insert
Go
CREATE TRIGGER tr_print_student_insert ON student
FOR INSERT
As
PRINT '有人插入了一条记录!'
```

对 Student 表采用 INSERT 触发器后，可往 Student 表中插入一条记录，触发 INSERT 触发器，例如：

INSERT INTO student

VALUES ('0610005', '李娜', null, null, null, null, null)

则会触发触发器，显示结果：有人插入了一条记录！

【例 8-48】 建立一个表，记录所有对表的操作。

```
CREATE   TABLE   table_operation (
         table_time DATETIME，
         operation_name VARCHAR (50),
         operation_description VARCHAR (100))
GO
CREATE TRIGGER tr_insert_student ON student
FOR INSERT
AS
    DECLARE @table_time DATETIME
    SET @table_time=getdate ( )
    INSERT INTO table_operation
        VALUES (@table_time, '插入', '插入了一条新的学生记录')
GO
```

2．UPDATE 触发器

该触发器在用户发出 UPDATE 语句时被执行，即为用户修改数据行增加限制规则。UPDATE 触发器合并了 DELETE 触发器和 INSERT 触发器的作用。

创建 UPDATE 触发器的语法如下：

```
CREATE TRIGGER [ 所有者. ] 触发器名
ON { [所有者.] 表名| 视图名}
FOR     UPDATE
AS
SQL 语句
……
```

【例 8-49】 新建一个触发器，记录对表的修改操作。

```
CREATE TRIGGER tr_update_student ON student
FOR UPDATE
AS
    DECLARE @table_time DATETIME
    SET @table_time=getdate ( )
    INSERT INTO table_operation
      VALUES (@table_time, '修改', '修改了一条学生记录')
GO
```

用下面的语句验证 UPDATE 触发器的作用：

UPDATE Student set sex='女' WHERE studentName='李娜娜'

运行结果如图 8-10 所示。

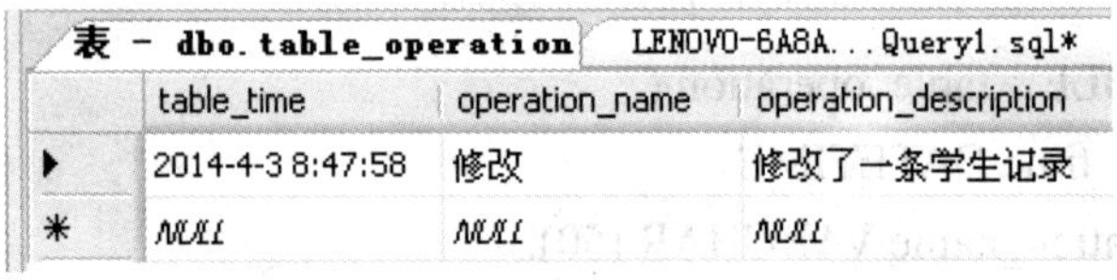

表 - dbo.table_operation		LENOVO-6A8A...Query1.sql*
table_time	operation_name	operation_description
▶ 2014-4-3 8:47:58	修改	修改了一条学生记录
✳ NULL	NULL	NULL

图 8-10　〔例 8-49〕的运行结果

3．DELETE 触发器

该触发器主要在用户删除表中数据行时执行，DELETE 触发器主要用于下列两种情况：防止删除数据库中的某些数据行、级联删除数据库中其他表中的数据行。

创建 DELETE 触发器的语法如下：

CREATE TRIGGER [所有者.] 触发器名
ON { [所有者.] 表名| 视图名}
FOR　　DELETE
AS
SQL 语句
……

【例 8-50】　新建一个触发器，记录对表的删除操作。

```
CREATE TRIGGER tr_delete_student ON student
FOR DELETE
AS
    DECLARE @table_time DATETIME
    SET @table_time=getdate ( )
    INSERT INTO table_operation
       VALUES (@table_time, '删除', '删除了一条学生记录')
    PRINT ('有人删除了一条记录')
GO
```

用下列语句验证 DELETE 触发器的作用：

DELETE FROM Student WHERE StudentName='王大力'

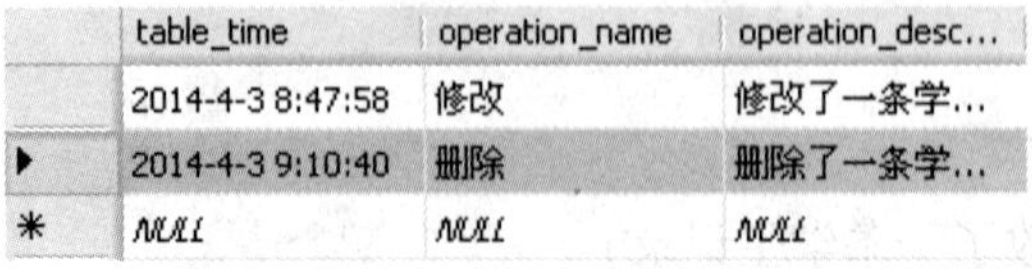

table_time	operation_name	operation_desc...
2014-4-3 8:47:58	修改	修改了一条学...
▶ 2014-4-3 9:10:40	删除	删除了一条学...
✳ NULL	NULL	NULL

图 8-11　〔例 8-50〕的运行结果

运行结果如图 8-11 所示。

8.6.3　利用触发器撤销对表的操作

当操作违反表的规则时，可以使用触发器撤销对表的操作，事务回滚语句为：

ROLLBACK TRAN

还可以使用 RAISERROR 显示错误提示：

RAISERROR (msg_str, severity, state)

其中，msg_str 显示消息提示，severity 是用户定义的与消息关联的严重级别。可以使用从 0～18 之间的严重级别，state 从 1～127 的任意整数，表示有关错误调用状态的信息，默认为 1。

【例 8-51】　新建一个触发器，不允许对表的删除操作。

IF EXISTS (SELECT [name] FROM sysobjects WHERE [name]='tr_delete_student' and type ='TR')

DROP TRIGGER tr_delete_student

GO

CREATE TRIGGER tr_delete_student on student FOR DELETE

AS

ROLLBACK TRAN

RAISERROR

('不允许对学生信息表执行删除操作', 16, 1)

GO

当使用下面的 SQL 语句删除 Student 中的记录时，出现图 8-12 的错误提示。

DELETE FROM Student WHERE StudentName='王晓'

```
消息 50000, 级别 16, 状态 1, 过程 tr_delete_student, 第 5 行
不允许对学生信息表执行删除操作
消息 3609, 级别 16, 状态 1, 第 1 行
事务在触发器中结束。批处理已中止。
```

图 8-12　［例 8-51］的运行结果

8.7　思考与练习

参照 6.9 图书管理数据库 BookDB，请根据要求建立以下数据库对象：

（1）查询工作单位为'信息管理学院'读者的姓名，所借书的名称。先逐条显示每条记录，然后显示第二条记录，运行结果如图 8-13 所示。

```
读者姓名为:李小勇      所借书名称为:艾米的旅程
读者姓名为:李小勇      所借书名称为:别让学习折磨你
读者姓名为:王敏       所借书名称为:信息系统开发方法教程
读者姓名为:李立       所借书名称为:杜拉拉升职记
读者姓名为:王立红      所借书名称为:信息系统开发方法教程

第二条记录为:李小勇    别让学习折磨你
```

图 8-13　习题（1）的运行结果

153

	bookNo	classNo	shopNum
1	003-000001	003	110
2	003-000002	003	25
3	003-000003	003	NULL

	bookNo	classNo	shopNum
1	003-000001	003	110
2	003-000002	003	25
3	003-000003	003	100

图 8-14　习题（2）的运行结果

（2）类别为'003'的图书，如果入库数量为空，则将入库数量修改为 100，运行结果如图 8-14 所示。

（3）请把借阅了'杜拉拉升职记'的第二个读者的归还日期修改为：2010-11-29，运行结果如图 8-15 所示。

（4）读者编号为'0800003'的读者要退学，如果他借过书，请删除，并显示删除信息，运行结果如图 8-16 所示。

	readerNo	bookNo	returnDate
1	0800004	001-000029	2007-11-01 00:00:00.000
2	0800007	001-000029	2007-12-10 00:00:00.000
3	0800011	001-000029	2007-12-20 00:00:00.000

	readerNo	bookNo	returnDate
1	0800004	001-000029	2007-11-01 00:00:00.000
2	0800007	001-000029	2010-11-29 00:00:00.000
3	0800011	001-000029	2007-12-20 00:00:00.000

图 8-15　习题（3）的运行结果

（5）建立存储过程 pro_publishing_count，输入出版社的名称，返回该出版社书的数量，运行结果如图 8-17 所示。

（6）建立存储过程 pro_book_insert，用于向 Book 表中添加新记录，运行结果如图 8-18 所示。

（7）建立一个触发器 tr_book_insert，当在 Book 中插入新记录时，提示'有人在 Book 中插入一条新记录'，运行结果如图 8-19 所示。

（所影响的行数为 1 行）

删除的记录为：0800003　　　009

（所影响的行数为 1 行）

图 8-16　习题（4）的运行结果

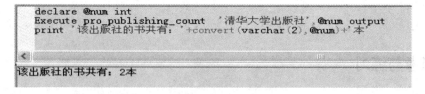

```
declare @num int
Execute pro_publishing_count  '清华大学出版社',@num output
print '该出版社的书共有：'+convert(varchar(2),@num)+'本'
```

该出版社的书共有：2本

图 8-17　习题（5）的运行结果

	bookNo	classNo	bookName	authorName	publishingName	publishingNo	price	p
1	001-000001	001	藏地密码9	何马	重庆出版社	9787229027896	19.60	2
2	001-000002	001	别对我撒谎	连谏	江苏文艺出版社	9787539939308	28.00	2
3	001-000029	001	杜拉拉升职记	李可	陕西师范大学出版社	9787561339121	17.70	2
4	002-000001	002	目送	龙应台	人民出版社	9787108032911	39.00	2
5	002-000002	002	十二味生活设计	林怡芬	文化艺术出版社	9787503942983	36.00	2
6	002-000003	002	假装的艺术					
7	003-000001	003	艾米的旅程	大卫卡森	现代出版社	9787802448261	48.00	2
8	003-000002	003	大力水饺和他的朋友们	建晓东	哈尔滨出版社	9787548400257	30.00	2

图 8-18　习题（6）的运行结果

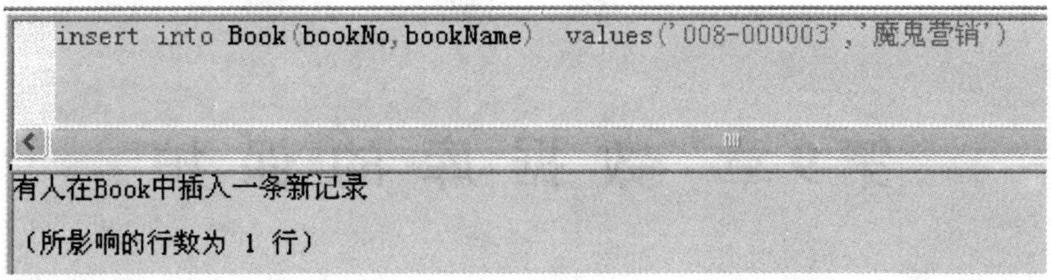

```
insert into Book(bookNo,bookName)  values('008-000003','魔鬼营销')
```

有人在Book中插入一条新记录

（所影响的行数为 1 行）

图 8-19　习题（7）的运行结果

（8）建立一个触发器 tr_book_delete，当删除 Book 中的记录时，撤销删除操作，同时提示‘不允许删除 Book 中的记录！’。

第9章 数据库的保护

当前，对信息资源的利用已成为各企业和组织在激烈的竞争环境下生存和发展的关键。各组织与企业分别建立各种数据库应用系统以存放企业业务活动所涉及的各种数据。为了保证数据库数据的安全可靠和正确有效，DBMS 必须提供统一的数据保护功能。数据保护也称数据控制，主要包括数据库的安全性、完整性、并发控制和恢复等四方面的任务。

9.1 数据库的安全

用户通过网络和本地机上访问数据库中的数据时，必须预防来自组织内部或外部的人对数据的故意破坏或窃取。尤其将数据放到 Web 上时，还可能遭到电脑黑客或其他犯罪分子的破坏。因此，从数据库设计的开始阶段就必须考虑安全性，安全性是数据库设计的强大后盾。

数据库的安全性是指保护数据以防止因不合法的使用造成数据的泄密和破坏，这就要采取一定的安全保护措施。建立和执行安全过程可以保护作为企业最重要财产的数据。

数据库的安全问题包括两个部分：

（1）数据库数据的安全。应确保当数据库系统发生故障时，数据库数据存储媒体被破坏时，以及当数据库用户误操作时，数据库数据信息不至于丢失。

（2）数据库系统不被非法用户侵入。应确保未在系统中注册的非法用户不能进入数据库系统。

对数据库采取的安全措施包括：用户的安全策略、数据库管理者的安全策略和应用程序开发者的安全策略。

9.1.1 用户的安全策略

用户的安全策略可以采用设置密码和权限管理保证用户访问数据库的安全性。用户的安全策略如图 9-1 所示。从图 9-1 可以看出，所有的数据库用户通过登录账号和密码访问数据库，同时要保证操作系统和账号的安全性。数据库管理员 dbo 拥有对数据库对象的所有权限，他可以对其他用户的权限进行管理和控制，以增加或取消其他用户对数据库对象的操作权限。

1. 账号的安全性

要在一个数据库中访问数据，必须通过账号。这个访问可以是直接的，也可以是间接的。直接访问是指用户直接连接到一个数据库，间接访问是通过在数据连接中预设权限的访问。每个账户必须指定一个口令，口令是在建立用户账户时为每一个用户设置的。在数据库中，系统用检查口令等手段来检查用户身份，合法的用户才能进入数据库系统。当用户对数据库执行操作时，系统自动检查用户是否有权限执行这些操作。

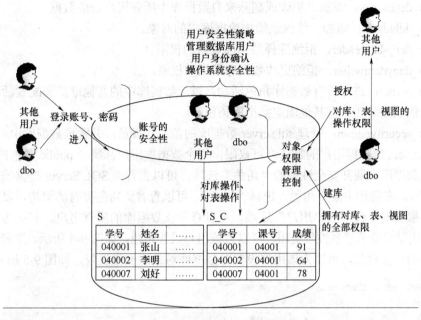

图 9-1　用户的安全性策略

2. 权限管理

（1）用户与角色。可以建立一个角色来代表单位中一类工作人员所执行的工作，然后给这个角色授予适当的权限。一个用户可属于多个角色，当工作人员开始工作时，只需将他们添加为该角色成员，当他们离开工作时，将他们从该角色中删除。

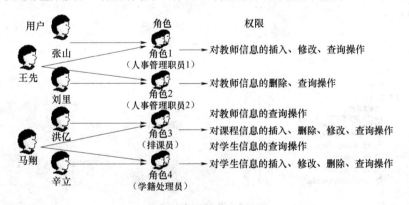

图 9-2　用户与角色

如图 9-2 所示，有六个用户和四种角色，每个用户可属于多种角色。例如王先同时属于角色 1 和角色 2，马翔同时属于角色 3 和角色 4。

SQL Server 为用户提供了以下角色：

- db_accessadmin：在数据库中添加或删除 sql server 用户。
- db_backupoperator：有备份数据库的权限。

- db_datareader：查看来自数据库中所有用户表的全部数据。
- db_datawriter：添加、更改或删除来自数据库中所有用户表的数据。
- db_ddladmin：添加、修改或除去数据库中的对象。
- db_denydatareader：拒绝选择数据库数据的权限。
- db_denydatawriter：拒绝更改数据库数据的权限。
- db_owner：进行所有数据库角色活动，以及数据库中的其他维护和配置活动，该角色的权限跨越所有其他固定数据库角色。
- db_securityadmin：管理 sql server 数据库的角色和成员，并管理数据库中对象权限。
- public：为数据用户的默认许可权限，每个数据库用户都属于 public 角色的成员。

展开数据库，展开安全性中的"角色"选项，可以查看到 SQL Server 提供的角色，如图 9-3 所示。右键选中某个角色，选择"属性"，可以查看该角色拥有的架构，以及该角色的成员。展开安全性中的"用户"选项，可以查看该数据库的所有用户。右键选中某一用户，在弹出菜单选择"属性"选项，可以为该用户设置角色，如图 9-4 所示。选择用户"属性"窗口的安全对象，可以为该用户设置对数据库对象的操作权限，如图 9-5 所示。

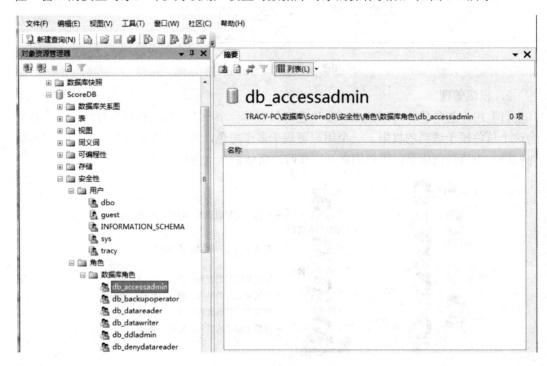

图 9-3　数据库中的角色

（2）SQL 存取控制机制。数据控制也可以称为数据保护，它是通过对数据库用户的使用权限加以限制而保证数据安全的重要措施。SQL 语言提供了一定的数据控制功能，能在一定程度上保证数据库中数据的完全性和完整性，并提供了一定的并发控制及恢复能力。SQL 的数据控制语句包括授权、收回权限和拒绝访问三种，设置对象可以是数据库用户或用户组。

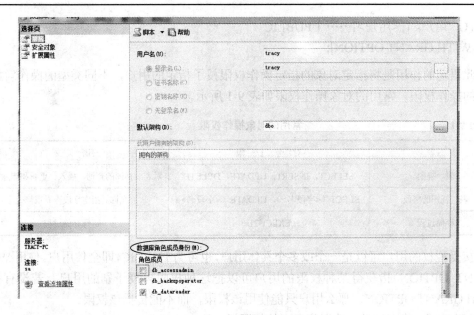

图 9-4　为用户设置角色

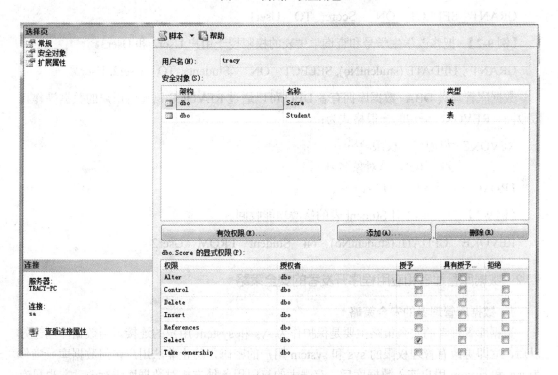

图 9-5　为用户设置权限

SQL 语言用 GRANT 语句向用户授予操作权限，GRANT 语句的一般格式为：

GRANT <权限>[, <权限>]……

        [ON　<对象名>]

TO <用户> [, <用户>]…… | PUBLIC

[WITH GRANT OPTION];

此语句的作用是将指定对象的指定操作权限授予指定的用户，不同类型的操作对象有不同的操作权限，常用的对象操作权限如表 9-1 所示。

表 9-1　　　　　　　　　　　　常用的对象操作权限

对象	对象权限	语义
表、视图	SELECT，INSERT，UPDATE，DELETE	对表或视图的查询、插入、更新和删除操作
表、视图的字段	SELECT（<字段名>），UPDATE（<字段名>）	允许对指定字段查看或修改
存储过程	EXECUTE	运行存储过程

接受授权的用户可以是一个或多个具体用户，也可为 PUBLIC，即全体用户。使用 WITH GRANT OPTION 指获得某种权限的用户可以把这种权限再授予别的用户。若没有指定 WITH GRANT OPTION，那么用户只能使用该权限，而不能传播该权限。

【例 9-1】 将查询学生选课信息表的权限授权给 User1。

GRANT　SELECT　ON　　Score　TO　User1

【例 9-2】 把修改学生学号和查询学生表的权限授予用户 User2 和 User3。

GRANT　UPDATE (studentNo), SELECT　ON　　Student　TO　User2, User3

数据库管理员 DBA、数据库拥有者 DBO 可以通过 REVOKE 语句将用户的数据操作权限收回。REVOKE 语句的一般格式为：

REVOKE <权限>[, <权限>]……

　　　　　　[ON　<对象名>]

FROM　　<用户> [, <用户>]……;

【例 9-3】 将 User2 对 Student 表的修改功能收回。

REVOKE　UPDATE (studentNo)　on　Student　FROM　User2

9.1.2　数据库管理者和应用程序开发者的安全策略

1. 数据库管理者的安全策略

数据库管理者的安全策略主要是保护作为 sys 和 system 用户的连接。当数据库创建好以后，立即更改有管理权限的 sys 和 system 用户的密码，防止非法用户访问数据库。当作为 sys 和 system 用户连入数据库后，有强大的权限用各种方式对数据库进行改动。也只有数据库管理者能用管理权限连入数据库。

2. 应用程序开发者的安全策略

（1）应用程序开发者的权限。数据库应用程序开发者是唯一一类需要特殊权限组完成自己工作的数据库用户。开发者需要诸如 create table、create procedure 等系统权限，然而为了限制开发者对数据库的操作，只能把一些特定的系统权限授予开发者。

（2）应用程序开发者的环境。程序开发者不应与终端用户竞争数据库资源，应用程序开发者不能损害数据库其他应用产品，应用程序开发者不能创建新的模式对象，所有需要 table、index 和 procedure 等都由数据库管理者创建，它保证了数据库管理者能完全控制数据空间的使用及访问数据库信息的途径。但有时应用程序开发者也需要这两种权限的混合。

（3）应用程序开发者的权限。数据库安全性管理者能创建角色来管理典型的应用程序开发者的权限要求，create 权限常常授予给应用程序开发者，以便他们能创建自己的数据对象。

9.2 数据库的完整性

数据完整性是指数据的正确性和完备性。

下列情况破坏了数据库的完整性

- 无效的数据被添加到数据库中，例如：某学号所指的学生不存在。

- 对数据库的修改不一致。

- 将存在的数据修改为无效的数据。例如：将某学生的班号修改为并不存在的班级。

为了保证存放数据的一致性和正确性，DBMS 对关系施加了一个或多个数据完整性约束，这些约束限制了数据库的数据值、修改所产生的数据值和对数据库中某些值的修改。在关系数据库中，主要有三类数据完整性。

1．实体完整性

实体完整性是指任何基本表的主键中的每个属性都不能取空值，主键本身就有"取值唯一"的含义，所以基本表的主键取值非空并且唯一，这样就保证了存放在基本表中的每一个具体实体都是可标识且可区分的。

实体完整性约束是由系统规定的，每个基本表必须满足的约束，用户要做的就是定义每个基本表的主键，即告诉 DBMS 基本表的关键字由哪些属性组成的。

2．参照完整性

根据参照完整性规则，用户只要定义了某个关系的外键，系统就会控制外键的值要么为空，要么等于被参照关系中某一个主键的值，这是系统对外键的一种约束。通过建立表间关系可以定义参照完整性。

主键和外键关系维护涉及两个或两个以上表中数据的一致性，外键值将子表中包含此外键的记录和父表中包含的相匹配主键值的记录关联起来。

SQL 提供了外键/主键值约束，即满足以下两点：

（1）存在外键时，被参照表中的这一行不能删除。即删除父表中的记录或更新父表中的主关键值时，必须保证没有关联的记录，否则，不允许删除和修改。

（2）若在被参照表中不存在包含相应主键的行时，一个外键值不能插入到参照表中。即向子表插入记录的前提是，必须保证外键值与主表中主键的某个值相等或该外键值为空，否则不允许插入。

3．用户自定义完整性

实体完整性和参照完整性都是由系统规定的，而用户自定义完整性由用户根据具体的应用环境自己规定的一些特殊条件。约束条件的作用对象可以是属性列的取值范围，或元组中各属性间的相互关系。

用 UNIQUE 约束、CHECK 约束和 NOT NULL/NULL 约束可以定义用户自定义完整性，还可以利用触发器定义用户自定义完整性。

【例 9-4】 建立一个名为 ins_course 的触发器，在向课程表中插入记录时，触发该触发器，检查插入的记录中学分是否"大于 0 并且小于 10"，否则提示"学分设置不合理"，并回滚事务。

```
CREATE TRIGGER Ins_course ON Course
AFTER INSERT
AS
IF (SELECT COUNT (*) FROM    Inserted WHERE creditHour<0 OR creditHour>10)>0
BEGIN
         PRINT'学分设置不合理'
         ROLLBACK TRANSACTION
END
```

当执行下列的插入语句时，运行结果如图 9-6 所示。

INSERT INTO Course VALUES ('007', '系统分析与设计', 11, 160, '006')

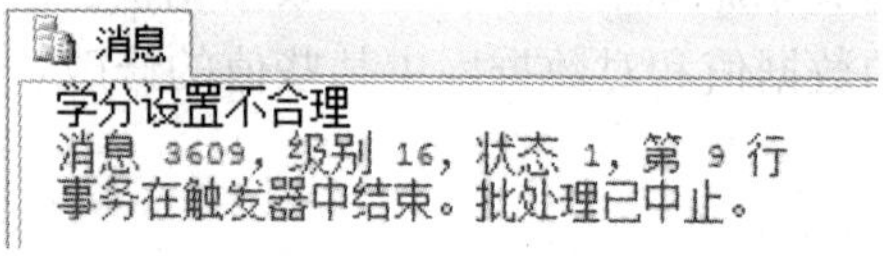

图 9-6 ［例 9-4］的运行结果

9.3 数据库的并发控制

数据库是一个共享资源，可为多个应用程序所共享，这些程序可串行进行，但许多情况下，为了有效利用数据库资源，多个程序或一个程序的进程可能并行运行，就是数据库的并行操作。并发能力是指多用户在同一时间对同一数据同时访问的能力。一般的关系型数据库都具有并发控制的能力，但会对数据的一致性带来危险。试想，如果两个用户同时访问某个用户的银行记录并同时要求修改该用户的记录，情况将会怎样呢？

DBMS 并发控制是以事务（Transaction）为单位进行的。

9.3.1 事务

事务是数据库一笔交易的基本单元，存于两种并发模型中。又分为显式事务和隐式事务。显式事务是显式地开始一个事务并显式地回滚或提交事务，隐式事务是数据库自己根据情况完成的事务处理，如单独的 SELECT、INSERT、UPDATE、DELETE 语句。

在 SQL 语句中，定义事务的语句有三条：

- BEGIN TRANSACTION
- COMMIT TRANSACTION
- ROLLBACK TRANSACTION

事务通常以 BEGIN TRANSACTION 开始，以 COMMIT TRANSACTION 或 ROLLBACK TRANSACTION 结束。COMMIT 表示提交，即提交事务中的所有操作，将事务中所有对数据库的更新写回到磁盘上的物理数据库中，事务正常结束。ROLLBACK 表示回滚，即事务运行过程中发生了某种故障，事务不能继续执行，DBMS 将事务对数据库所有已完成的更新操作全部撤回，回滚到事务开始时的状态，就像事务没有被执行一样。

事务具有原子性、一致性、隔离性和持续性 4 个特性。

（1）原子性。一个事务是一个整体，要不全部提交，要不全部中止。意思就是要不全部成功提交到数据，要不全部回滚恢复事务开始前的状态。例如做一个入库操作，在这个事务里，审核入库单和修改库存作为一个整体，要不单据变成审核过的状态同时库存增加相应的值，要不就是单据未审核同时库存不变。

（2）一致性。一致性要求事务保证数据在逻辑上正确，处理的结果不是一个不确定的状态。什么是不确定状态呢，比如说我们完成一个库存减少的操作，如果没有一个出货单据那么这个库存的当前修改就是一个不确定状态，因为你无法知道减少的材料到哪儿去了。

（3）隔离性。一个事务的执行不能被其他事务干扰。即一个事务内部的操作及使用的数据对并发的其他事务是隔离的，并发执行的各个事务之间不能互相干扰。多个事务并发执行的结果与分别执行单个事务的结果是完全一样的，这就是事务的隔离性。

事务的隔离性由 DBMS 的并发控制子系统保证的。

（4）持久性。持久性要求正确提交的修改必须保证长久存在，不会因为关机或故障使这笔交易丢失。进行中的事务发生故障那事务就完全撤销，像没有发生一样；如果事务提交的确认已经反馈给应用程序发生故障，那么这些日志利用先写技术，在启动恢复阶段自动完成相应的动作保证事务的持久性。

9.3.2　并发操作的问题

多个事务在并发执行的过程中，可能会产生丢失更新、不一致分析和未提交依赖三种并发问题，从而影响了并发调度的正确性。

为了把这些可能发生的并发副作用说清楚，我们先"布置"一个场景：这是一个卖工艺石头的小商店，平时在前场完成交易，客户凭单据到后场领取石头，AMM 和 BMM 是营业员，她们平时掌握库存数是通过大厅里的一块 LED 显示牌得之，并且在各自完成一笔交易后修改 LED 显示，以保证数据的实时性。在这个场景下来观察可能发生的行为。

1．丢失更新问题

丢失更新估计是所有数据库用户都不想发生的情况，丢失更新是当两个或两个以上的用户进程同时读取同样的数据后又企图修改原来的数据时就会发生。在上述场景下，大厅 LED 显示牌显示当前库存 1000，这时同时有两个客户上门了，AMM 和 BMM 满面春风接待，比如 AMM 卖出 1 个，BMM 呢卖出了 10 个，AMM 处理完业务后赶紧把 LED 显示数修改为 1000−1=999 个，几乎同一时间 BMM 处理完自己的业务后习惯性地把 LED 显示数修改为 1000–10=990 个，这时老板从后场过来，看着 LED 有点不爽，大吼一声：现在还有多少存货呀？AMM 说我卖了 1 个，BMM 说我是 10 个，不过两个人都傻眼了，LED 显示怎么是 990 呢？原来 BMM 在更改时把 AMM 做的更改弄丢了，这就是丢失更新。显然对老板和营业员来说都是必须回避不能发生的事。

2. 未提交依赖问题

很显然，在上面的例子里因为 AMM 和 BMM 事先因为不知道对方已经修改了柜台存货，所以才造成了存货数目显示错误。出了问题我们要想办法解决问题，英明的老板说了，你们随便哪个在谈一笔生意时先把客户意向购买石头数扣掉，如果最后客户不要你再改回去，两个 MM 对老板的英明决定表示等赞同，可是问题还是发生了。怎么回事呢，还是假设柜台存货 1000 个石头，AMM 有一笔生意正在谈着，顾客意向要 600 块石头，AMM 赶紧把 LED 显示修改为 400。这时 BMM 也很兴奋因为她已经谈成一笔 700 块石头的生意，所以呢 BMM 抬头一看，还有 400 块可卖，完了 BMM 的生意做不成了，只好向客户表达歉意。BMM 只能让老板进货，可是老板一看 LED 显示还有 1000 块怎么你的 700 块生意做不成了呢？哦，因为最后 AMM 的 600 块生意没做成。也就是 BMM 错误的读取了 AMM 修改的数据，完成了一次"脏读"操作。脏读也就是一个用户进程读取了另一个用户进程修改过但没有正式提交的数据，这时导致了数据不一样的情形发生了。因为 A 用户进程是无法确认另一个用户进程在自己提交数据前是否修改过数据，这是数据库系统默认情况下必须回避的。

3. 不一致分析问题

不一致分析是指一个用户进程两次读取数据得到不同的数据。比如那个英明的老板，他知道要盘点，掌握库存的变化，忙得满头大汗，终于计出库存数来，比如说 1000 吧，但是当他跑到大厅一看 LED 显示牌却只有了 900，显然这一次的检查库存的过程中两次得到库存数不一样，原因就是 AMM 在老板从后场走到前场的过程中做了一担生意，卖出 100 块。嘿嘿，老板气又不是不气又不是，这 AMM 真可爱，做生意挺有两下呀！显然在一个用户进程两次读取数据间隔内另一个用户进程修改了数据，这就是不一致分析问题。

9.3.3 封锁

并发控制的主要方法是封锁（Locking）。就是要用正确的方式调度并发操作，使一个用户的事务在执行过程中不受其他事务的干扰，从而避免造成数据的不一致性。

封锁是使事务对它要操作的数据有一定的控制能力。封锁通常具有 3 个环节：第一个环节是申请加锁，即事务在操作前要对它将使用的数据提出加锁申请；第二个环节是获得锁，即当条件成熟时，系统允许事务对数据进行加锁，从而事务获得数据的控制权；第三个环节是释放锁，即完成操作后事务放弃数据的控制权。

1. 封锁的类型

基本的封锁类型有以下两种：

（1）排它锁（Exclusive Locks，简称 X 锁）。排它锁也称为独占锁或写锁。一旦事务 T 对数据对象 A 加上排它锁（X 锁），则只允许 T 读取和修改 A，其他任何事务既不能读取和修改 A，也不能再对 A 加任何类型的锁，直到 T 释放 A 上的锁为止。

（2）共享锁（Share Locks，简称 S 锁）。共享锁又称读锁。如果事务 T 对数据对象 A 加上共享锁（S 锁），其他事务只能再对 A 加 S 锁，不能加 X 锁，直到事务 T 释放 A 上的 S 锁为止。

2．封锁协议

在对数据进行加锁时，另外需要约定并执行一些规则和协议，其中包括何时申请锁，保持锁的时间以及何时释放等，这些规则就称为封锁协议（Locking Protocol），其总共分为以下三级：

（1）一级封锁协议。一级封锁协议是事务 T 在修改数据之前必须先对其加 X 锁，直到事务结束才释放。

（2）二级封锁协议。二级封锁协议是事务 T 对要修改数据必须先加 X 锁，直到事务结束才释放 X 锁；对要读取的数据必须先加 S 锁，读完后即可释放 S 锁。

（3）三级封锁协议。三级封锁协议是事务 T 在读取数据之前必须先对其加 S 锁，在要修改数据之前必须先对其加 X 锁，直到事务结束后才释放所有锁。

执行了封锁协议之后，就可以克服数据库操作中的数据不一致所引起的问题。

9.3.4　活锁和死锁

尽管利用三级封锁协议可以解决并发事务在执行过程中遇到的 3 种数据的不一致问题：丢失更新、不一致分析和未提交依赖问题。但是，却带来了新的问题：活锁和死锁。

1．活锁

如果事务 T1 封锁了数据 R，事务 T2 又请求封锁 R，于是 T2 等待。T3 也请求封锁 R，当 T1 释放了 R 上的封锁之后系统首先批准了 T3 的请求，T2 仍然等待。然后 T4 又请求封锁 R，当 T3 释放了 R 上的封锁之后系统又批准了 T4 的请求，……，T2 有可能永远等待，这就是活锁的情形。避免活锁的简单方法是采用"先来先服务"的策略。

2．死锁

如果事务 T1 封锁了数据 R1，T2 封锁了数据 R2，然后 T1 又请求封锁 R2，因 T2 已封锁了 R2，于是 T1 等待 T2 释放 R2 上的锁。接着 T2 又申请封锁 R1，因 T1 已封锁了 R1，T2 也只能等待 T1 释放 R1 上的锁。这样就出现了 T1 在等待 T2，而 T2 又在等待 T1 的局面，T1 和 T2 两个事务永远不能结束，形成死锁。

（1）死锁的预防。在数据库中，产生死锁的原因是两个或多个事务都已封锁了一些数据对象，然后又都请求对已被其他事务封锁的数据对象加锁，从而出现死等待。防止死锁的发生其实就是要破坏产生死锁的条件。

预防死锁通常有两种方法：

1）一次封锁法：一次封锁法要求每个事务必须一次将所有要使用的数据全部加锁，否则就不能继续执行。一次封锁法虽然可以有效地防止死锁的发生，但也存在问题，一次就将以后要用到的全部数据加锁，势必扩大了封锁的范围，从而降低了系统的并发度。

2）顺序封锁法：顺序封锁法是预先对数据对象规定一个封锁顺序，所有事务都按这个顺序实行封锁。顺序封锁法可以有效地防止死锁，但也同样存在问题。事务的封锁请求可以随着事务的执行而动态地决定，很难事先确定每一个事务要封锁哪些对象，因此也就很难按规定的顺序去施加封锁。

可见,在操作系统中广为采用的预防死锁的策略并不很适合数据库的特点,因此 DBMS 在解决死锁的问题上普遍采用的是诊断并解除死锁的方法。

(2)死锁的诊断。死锁的诊断主要有以下两种方法:

1)超时法:如果一个事务的等待时间超过了规定的时限,就认为发生了死锁。超时法实现简单,但其不足也很明显。一是有可能误判死锁,事务因为其他原因使等待时间超过时限,系统会误认为发生了死锁。二是时限若设置得太长,死锁发生后不能及时发现。

2)等待图法:事务等待图是一个有向图 G=(T, U)。T 为结点的集合,每个结点表示正运行的事务;U 为边的集合,每条边表示事务等待的情况。若 T1 等待 T2,则 T1、T2 之间划一条有向边,从 T1 指向 T2。事务等待图动态地反映了所有事务的等待情况。并发控制子系统周期性地(比如每隔 1min)检测事务等待图,如果发现图中存在回路,则表示系统中出现了死锁,如图 9-7 所示。

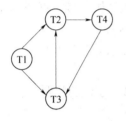

图 9-7 用等待图法检测死锁

(3)死锁的解除。DBMS 的并发控制子系统一旦检测到系统中存在死锁,就要设法解除。通常采用的方法是选择一个处理死锁代价最小的事务,将其撤销,释放此事务持有的所有的锁,使其他事务得以继续运行下去。当然,对撤销的事务所执行的数据修改操作必须加以恢复。

9.4 数据库的备份与恢复

当我们使用一个数据库时,总希望数据库的内容是可靠的、正确的,但由于计算机系统的故障(硬件故障、软件故障、网络故障、进程故障和系统故障)影响数据库系统的操作,甚至破坏数据库,使数据库中全部或部分数据丢失。因此当发生上述故障时,希望能重新建立一个完整的数据库,该处理称为数据库的恢复。恢复子系统是数据库管理系统的一个重要组成部分,恢复处理随发生的故障类型所影响的结构而变化。

9.4.1 数据库的备份

备份是数据的副本,用于在系统发生故障后还原和恢复数据。数据库备份并不是简单地将表中的数据复制,而是将数据库中的所有信息,包括表数据、视图、索引、约束条件,甚至数据库文件的路径、大小、增长方式等信息也备份。

创建备份的目的是为了可以恢复已损坏的数据库,但备份和还原数据需要在特定的环境中进行,并且必须使用一定的资源。因此,可靠地使用备份和还原以实现恢复需要有一个备份和还原策略。

1. 数据库磁盘备份设备

数据库磁盘备份设备简称备份设备,是由 SQL Server 2005 提前建立的逻辑存储定义设备。之所以称为逻辑设备,是由于在建立备份设备时,需要明确指定具体的磁盘存储路径,即使该磁盘存储路径并不存在,也可以正常建立一个备份设备。

在 SQL Server 2005 管理平台的【对象资源管理器】窗口中展开【服务器对象】的子节点【备份设备】上单击鼠标右键，弹出快捷菜单，如图 9-8 所示。

单击"新建备份设备"选项，打开"备份设备"对话框。在【设备名称】文件框中输入"db_ScoreDB_backdevice"，在不存在磁带机的情况下，【目标】选项自动选中【文件】单选项，在【文件】选项对应的文本框中输入文件的路径和名称"C:\Program Files\Microsoft SQL Server\MSSQL.1\MSSQL\Backup\db_ScoreDB_backdevice.bak"，如图 9-9 所示。

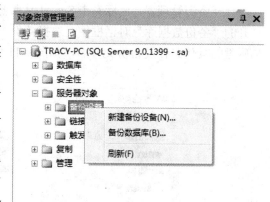

图 9-8　建立备份设备

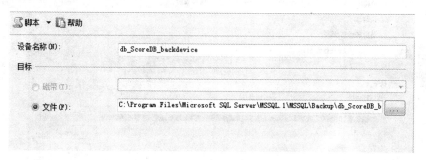

图 9-9　备份设备对话框

2．数据库备份方法

数据库备份包括完整备份和差异性备份，这两种备份的差异如下：

（1）完整备份。包括数据库中全部数据和日志文件信息，也被称为全库备份或者海量备份。对于文件磁盘量较小时候，完全备份的资源消耗并不能显现，但是一旦数据库文件的磁盘量非常大的时候，就会明显地消耗服务器的系统资源。因此对于完全备份一般需要停止数据库服务器的工作，或在用户访问量较少的时间段进行此项操作。完整数据备份和恢复的原理如图 9-10 所示。

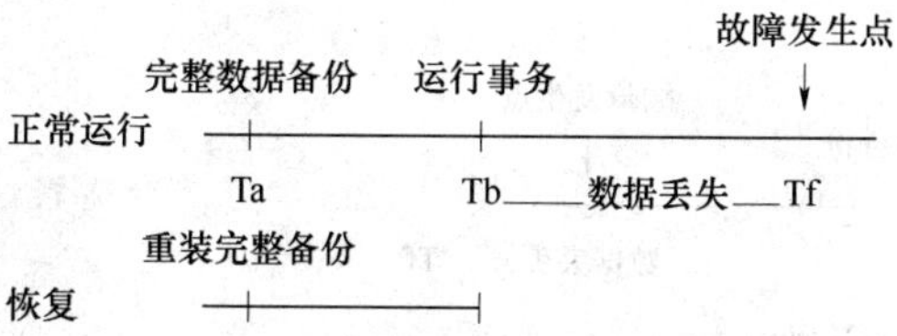

通过还原数据库，只需一步即可以从完整的备份重新创建整个数据库。如果还原目标中已经存在数据库，还原操作将会覆盖现有的数据库。

如果该位置不存在数据库，还原操作将会创建数据库。还原的数据库将与备份完成时的数据库状态相符，但不包含任何未提交的事务。恢复数据库后，将回滚到未提交的事务。

图 9-10　完整数据备份和恢复

当执行全库备份时，SQL Server 将备份过程中发生的任何活动以及任何未提交的事务备份到事务日志。在恢复备份时候，SQL Server 利用备份文件中捕捉到的部分事务日志来确保数据的一致性。

打开资源管理器，鼠标右击 ScoreDB 数据库，在展开的菜单中选择"任务→备份"，在打开的"备份数据库"对话框中，选择备份类型为"完整"，备份组件为"数据库"选择添加磁盘的具体路径及备份文件名，如图 9-11 所示，点击确定完成完全数据备份工作。

图 9-11 备份数据库对话框

（2）差异备份。差异备份是无需完全数据备份，仅仅将变化的数据存储并追加到数据库备份文件中的过程。差异性备份仅记录自上次完整备份后更改过的数据，所以比完整备份更小、更快，可以简化频繁的备份操作，减少数据丢失的风险。差异性备份必须基于完整备份，因此差异性备份的前提是进行至少一次的完全数据备份。差异性备份和恢复的原理如图 9-12 所示。

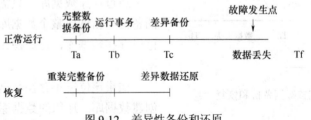

图 9-12 差异性备份和还原

在还原差异性备份之前，必须先还原其完整数据备份。如果按给定备份的要求进行一系列差异性备份，则在还原时只需还原一次完整数据备份和最近的差异性备份即可。

执行差异性备份的前提和基本条件如下：

- 用于经常被修改的数据库。
- 要求一个完整数据备份，这是执行差异性备份的前提。
- 备份自上次完全数据备份以来的数据库变化。

在管理平台进行差异数据备份，只需要选择备份类型为"差异"，其他操作与完全数据备份相同。

9.4.2　日志文件备份

日志文件是记载每个事务对数据库的更新操作的文件，日志文件由许多日志记录组成，如表示事务开始的事务开始记录、表示事务提交（或终止）的事务提交（或终止）记录，另外还有表示更新操作的更新日志记录等。

当数据库文件发生信息更改时，基本的操作记录将通过日志文件进行记录，对于这一部分操作信息进行的备份就是日志文件备份。日志文件备份与恢复的原理如图9-13所示。

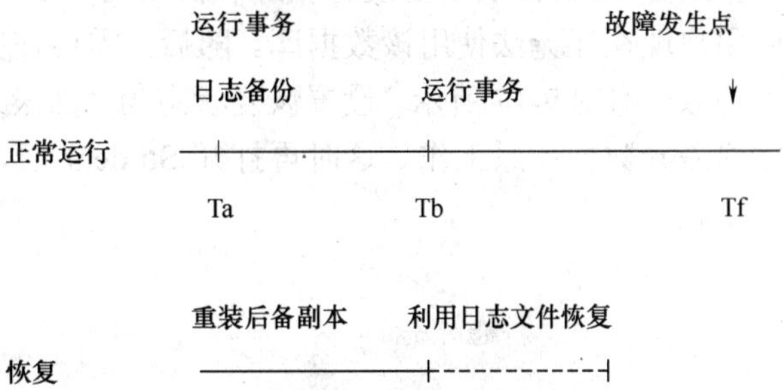

在管理平台中进行日志文件备份，在"备份数据库"窗口中，选择备份类型为"事务日志"，在备份目标中，指定备份到的磁盘文件位置，如"D：\MyDrivers\ScoreDB_log.bak"。

图 9-13　日志文件备份与恢复

9.4.3　数据库的恢复

由于不可避免的计算机系统故障会造成数据破坏甚至是数据库破坏，严重的会丢失全部数据。发生故障后，重新建立一个完整的数据库的工作称为数据库故障恢复。

1．利用完全备份还原数据库

鼠标右击"对象资源管理器"的数据库，选择"还原数据库"，出现"还原数据库对话框"。在对话框中填写目标数据库的名称和完全备份的位置，如图9-14所示。

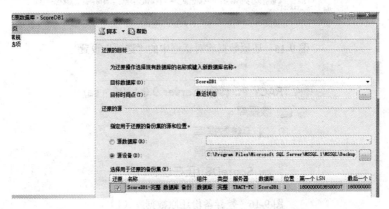

图 9-14　还原数据库对话框

选择用于还原的备份集，点击确定，还原成功。还原操作完成后，打开 ScoreDB 数据库，可以看到其中的数据进行了还原。在 ScoreDB 中看不到进行完整备份后新增加的数据，因为还原过程进行了完整备份的还原。

2. 利用差异备份还原数据库

删除 ScoreDB 数据库，而后进行一次完全备份还原。和上述步骤中的完全备份还原操作过程相同，但是在"选项"中，必须设置其恢复状态为"不对数据库进行任何操作，不回滚未提交事务"，即将数据库临时"挂起"，如图 9-15 所示。还原完成后，ScoreDB 处于"正在还原"状态，如图 9-16 所示。

此时 Student 表中是没有貂蝉和吕布同学的，当然由于 ScoreDB 数据库被挂起，任何用户现在还无法使用该数据库。随后，需要在完全数据还原的基础上，进行差异数据库还原，如图 9-17 所示。设置恢复状态为"回滚未提交事务，使数据库处于可用状态"，完成差异数据还原工作。这时再打开 Student 表，发现貂蝉和吕布同学的记录已经被恢复了。

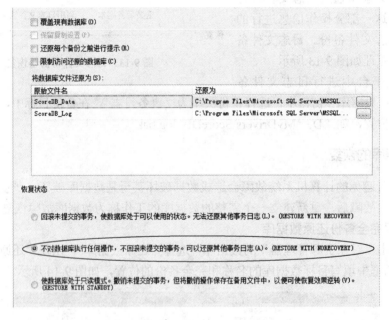

图 9-15　还原数据库对话框中的"选项"设置

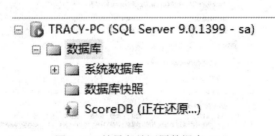

图 9-16　差异备份还原数据库（1）

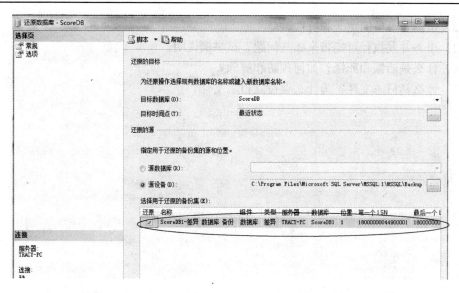

图 9-17　差异备份还原数据库（2）

3．利用日志文件还原数据库

首先建立完全数据备份文件，而后在 ScoreDB 数据库的 Student 表中插入一条学生信息（假设该学生是"张飞"），然后进行 ScoreDB 数据库的事务日志备份工作，将备份文件存储在 ScoreDB_log.bak 文件中。而后再次向 Student 表中再插入一条学生记录（假设这次是"貂蝉"），重复上一步的事务日志备份工作，此时在 ScoreDB_log.bak 文件中已经保存了两次数据插入的日志信息（一次是张飞，一次是貂蝉）。随后删除 ScoreDB 数据库，准备进行数据库的日志还原工作。

和差异数据库还原工作一样，首先进行完全数据恢复，但是在"选项"中，设置其恢复状态为"不对数据库进行任何操作，不回滚未提交事务"，从而使数据库暂时处于挂起状态。

接下来，在"挂起"的数据库中再次选择还原数据库，只是选择还原的设备文件是 ScoreDB_log.bak 文件，即保存日志信息的文件。可以看到，用于还原的备份集有两条数据，选择第一条日志信息，并在当前界面的"选项"中，设置恢复状态为"回滚未提交的事务，使数据库处于可以使用的状态，无法还原其他事务日志"。

　　📖　此时张飞的信息已经恢复了，但是貂蝉的信息并未恢复。

如果在备份集中，直接恢复第二条，就会弹出错误。日志文件是有严格的时间轴顺序的，一旦违背时间轴还原，将由于找不到前面的还原信息点而产生错误。

9.5　思考与练习

1．简答题
（1）什么是数据库的完整性？

（2）试回答事务的定义和特性。

（3）事务并发执行可能带来哪些问题？试举例说明。

（4）什么是活锁和死锁？如何预防和解除？

（5）什么是日志文件？为什么要设立日志文件？

第10章 C#与数据库实践——
学生公寓管理系统的开发

前面章节主要讲述了关系数据库的原理，包括数据模型、关系代数、数据库设计原理以及数据库的操作语言 SQL 语言和 Transact-SQL 语言，并介绍了当前流行的数据库管理系统 SQL Server 2005 的使用，本章通过一个具体的案例——学生公寓管理系统的开发讲解数据库的应用开发。

10.1 学生公寓管理系统的数据库设计

近几年高校的扩张与扩招的形式固然喜人，可随之带来不少问题，其中在学生公寓管理方面更为突出。很多学校由于学生公寓管理系统与住宿的硬件条件不配套，使得其应有功能没有得到发挥，造成资源浪费。有的学校由于现有的学生公寓管理系统效率过于低下，被迫用大量的人力对学生公寓进行管理，这在如今能源和人力资源都紧缺的当今环境，并不是长久之计。所以开发一套高效率的学生公寓管理系统迫在眉睫。

10.1.1 需求分析

学生公寓管理系统包括系统管理、学生和公寓的相关信息查询、出入物品管理、物品维修管理、来客管理等。

本系统的最终用户是各个公寓的管理员，根据日常生活经验和对管理员的调查，得出用户的下列需求。

1. 公寓的基本情况

学生住在公寓中，每个公寓都会有一个管理人员负责本公寓的日常管理。

（1）学生信息记录。入学时，每位同学都有唯一的学号，这将被设为查询的索引。学生被分配到指定的公寓和房间。另外，在这个基本信息中应当包括学生的姓名、性别、专业、年级、所在学院和寝室号等信息。

（2）物品管理。物品分为公寓公共物品和宿舍内部物品，物品管理主要包括出入的物品登记，包括出入时间、经手人、原因。当宿舍物品损坏时，需要跟管理人员报修，需要登记宿舍号、登记人姓名、时间、损坏的物品名称以及损坏原因。

（3）出入登记。为了学生的安全，需要对访客的信息进行登记，需要记录来客的姓名、身份证号、单位、被访问的学生、来访时间和离开时间。

（4）系统管理。包括参数设置（如公寓楼号、寝室房号、系别、年级、班级的设置）、权限管理和系统维护（数据备份、数据恢复等）。

学生公寓管理系统的功能结构如图 10-1 所示。

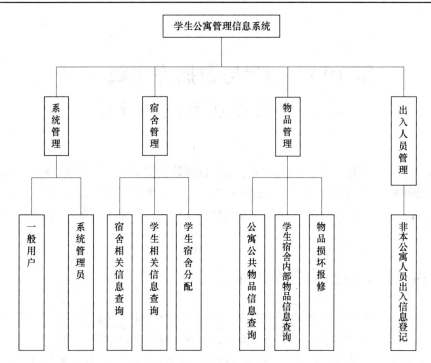

图 10-1 学生公寓管理系统的功能结构图

2．用户对系统的要求

（1）信息要求。宿舍管理员能查询宿舍的所有相关信息，提供学生的学号能查询到该学生的入住信息，以及系统用户的登录信息等，以利于对学生公寓的全面管理。

（2）处理要求。当学生基本信息发生变化时，宿舍管理员能对其进行修改。比如，某个学生搬到其他宿舍，他在本宿舍中相应的记录应删除；或者学生转专业，他们记录中院系的信息也要同步修改。

（3）安全性与完整性要求。安全性：系统应设置访问用户的标识以鉴别是否是合法用户，并要求合法用户设置密码，保证用户身份不被盗用。

完整性：

1）各种信息记录的完整性，信息记录内容不能为空。

2）各种数据间相互联系的正确性。

3）相同数据在不同记录中的一致性。

10.1.2 概念设计

1．数据库中的实体

通过上述分析，数据库中的实体主要有以下几个：

（1）学生实体，具有属性学号、姓名、性别。

（2）班级实体，具有属性班号、班名、专业、年级。

（3）学院实体，具有属性院号、院名、院长。

（4）寝室实体，具有属性房间号、面积、朝向和入住学生数。

（5）楼层实体，具有属性编号、层号、寝室数。

（6）公寓实体，具有属性编号、名称、地址、层数。

（7）财产实体，具有属性编号、名称、价值。

（8）外来人员实体，具有属性身份证号、姓名、单位。

2．数据库中的联系

（1）属于：班级和学生之间的一对多联系，学院和班级之间的一对多联系。

（2）含有：公寓和楼层之间的一对多联系。

（3）登记：外来人员和公寓之间的多对多联系。

（4）出入：财产和公寓之间的多对多联系。

（5）拥有：楼层和寝室之间的一对多联系。

（6）报修：财产和公寓之间多对多的联系。

（7）住宿：寝室和学生之间的一对多联系。

3．宿舍数据库中的 E-R 图

根据以上讨论，宿舍数据库中的 E-R 图如图 10-2 所示。

10.1.3　逻辑设计

根据 E-R 图向关系模型的转换规则，E-R 图可以转换为如下的关系模式：

（1）学生信息表（学号，姓名，性别，班号，房间号）

（2）班级信息表（班号，班名，专业，年级，院号）

（3）学院信息表（院号、院名、院长）

（4）寝室信息表（房间号，面积，朝向，入住学生数，楼层编号）

（5）楼层信息表（楼层编号，层号，寝室数，公寓编号）

（6）公寓信息表（公寓编号，名称，地址，层数）

（7）财产信息表（财产编号，名称，价值）

（8）外来人员信息表（身份证号，姓名，单位）

（9）外来人员登记表（身份证号，公寓编号，来访时间，离开时间）

（10）财产出入表（序号，财产编号，公寓编号，出入时间，原因，经手人）

（11）财产报修表（序号，财产编号，公寓编号，报修人，报修时间，报修原因）

10.2　数据库访问技术

随着数据库产品和技术的发展，数据库访问技术也从 ODBC、DAO、RDO、OLE DB、ADO 和 RDS 发展到今天的 ADO.NET。本节将介绍几种重要的数据库访问技术。

10.2.1　数据库访问技术的发展史

DB-Library 是 SQL Server 提供的一系列的操作数据库的函数库，是 C 访问数据库的接口。

DAO 是指 ActiveX Data Objects，是 VB6 推荐操作数据库的方式。

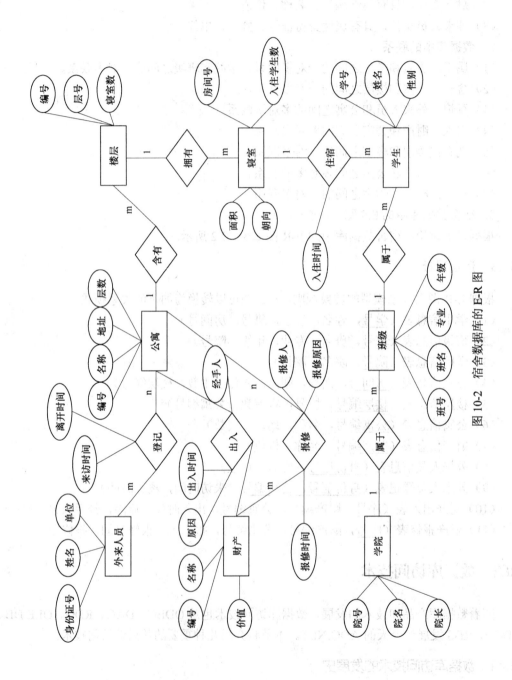

图 10-2　宿舍数据库的 E-R 图

ODBC 最先出来，是用来连接 Oracle、SQL Server、Access 等数据库的一种接口标准（后来随着各厂商的扩充，也就都不标准了），各数据库提供实现 ODBC 的"驱动程序"。

OLE DB 是微软"发明"的，用来淘汰 ODBC 的，OLE DB 不仅可以连接各种数据库，还可以连接 exchange、活动目录和操作系统文件目录等各种数据库源（也需要分别使用不同的"驱动程序"）。

ADO 也是微软的，是用来淘汰早期微软的 RDO、DAO 的（ADO 可以做 RDO、DAO 能做的所有事），ADO 在上层，通过下面的 ODBC 或者 OLE DB 来访问数据源（注意不是数据库，因为可访问范围包括活动目录等各种数据）。不过微软目前的 ODBC 实际是通过 OLE DB 访问数据源的。

层次关系：应用程序 →ADO →ODBC →数据源 或者

应用程序→ADO → OLE DB →数据源

在开始设计 .NET 框架时，Microsoft 就以此为契机重新设计了数据访问模型。Microsoft 没有进一步扩展 ADO，而是决定设计一个新的数据访问框架，但保留了缩写词。Microsoft 根据其成功的 ADO 对象模型经验设计了 ADO.NET。但 ADO.NET 满足了 ADO 无法满足的 3 个重要需求：提供了断开的数据访问模型，这对 Web 环境至关重要；提供了与 XML 的紧密集成；还提供了与 .NET 框架的无缝集成。

10.2.2 ODBC 与 OLE DB

1. ODBC

开放数据库互连（ODBC）是 Microsoft 引进的一种早期数据库接口技术，它实际上是 ADO 的前身。Microsoft 引进这种技术的一个主要原因是，以非语言专用的方式，提供给程序员一种访问数据库内容的简单方法。换句话说，访问 DBF 文件或 Access 以得到 MDB 文件中的数据时，无需懂得程序设计语言。事实上，Visual C++就是这样一个程序设计平台，即 Microsoft 最初是以 ODBC 为目标的。

一个基于 ODBC 的应用程序对数据库的操作不依赖任何 DBMS，不直接与 DBMS 打交道，所有的数据库操作由对应的 DBMS 的 ODBC 驱动程序完成。也就是说，不论是 Foxpro、Access 还是 Oracle 数据库，均可用 ODBC API 进行访问。由此可见，ODBC 的最大优点是能以统一的方式处理所有的数据库。

你会发现，ODBC 工作起来和 Windows 一样，它用包含在 DLL 内的驱动程序完成任务。其实，ODBC 提供一套两个驱动程序：一个是数据库管理器的语言，另一个为程序设计语言提供公用接口。允许 Visual C++用标准的函数调用经公用接口访问数据库的内容，是这两个驱动程序的汇合点。当然，还有其他和 ODBC 有关的实用程序类型的 DLL。ODBC 的确能履行承诺，提供对数据库内容的访问，并且没有太多的问题。它没有提供数据库管理器和 C 之间尽可能最好的数据转换，这种情况是有的，但它多半能像广告所说的那样去工作。唯一影响 ODBC 前程的是，它的速度极低至少较早版本的产品是这样。ODBC 最初面世时，一些开发者曾说，因为速度问题，ODBC 永远也不会在数据库领域产生太大的影响。然而，以 Microsoft 的市场影响力，ODBC 毫无疑问是成功了。今天，只要有两种 ODBC 驱动程序的一种，那么几乎每一个数据库管理器的表现都会很卓越。

2．OLE DB

OLE 全称 Object Link And Embed，即对象连接与嵌入。DB（英文全称 DataBase，数据库）是依照某种数据模型组织起来并存放在二级存储器中的数据集合。

作为微软的组件对象模型（COM）的一种设计，OLE DB 是一组读写数据的方法。OLE DB 中的对象主要包括数据源对象、阶段对象、命令对象和行组对象。使用 OLE DB 的应用程序会用到如下的请求序列：初始化 OLE，连接到数据源，发出命令，处理结果，释放数据源。OLE 不仅是桌面应用程序集成，而且还定义和实现了一种允许应用程序作为软件"对象"（数据集合和操作数据的函数）彼此进行"连接"的机制，这种连接机制和协议称为部件对象模型。

OLE 是一种面向对象的技术，利用这种技术可开发可重复使用的软件组件（COM）。

OLE DB 最主要是由 3 个部分组合而成：

（1）Data Providers（数据提供者）。凡是透过 OLE DB 将数据提供出来的，就是数据提供者。例如 SQL Server 数据库中的数据表，或是扩展名为 mdb 的 Access 数据库档案等，都是 Data Providers。

（2）Data Consumers（数据使用者）。凡是使用 OLE DB 提供数据的程序或组件，都是 OLE DB 的数据使用者。换句话说，凡是使用 ADO 的应用程序或网页都是 OLE DB 的数据使用者。

（3）Service Components（服务组件）。数据服务组件可以执行数据提供者以及数据使用者之间数据传递的工作，数据使用者要向数据提供者要求数据时，是通过 OLE DB 服务组件的查询处理器执行查询工作的，而查询到的结果则由指针引擎来管理。

10.2.3　JDBC

JDBC（Java DataBase Connectivity，Java 数据库连接）是一种用于执行 SQL 语句的 Java API，可以为多种关系数据库提供统一访问，它由一组用 Java 语言编写的类和接口组成。JDBC 为工具/数据库开发人员提供了一个标准的 API，据此可以构建更高级的工具和接口，使数据库开发人员能够用纯 Java API 编写数据库应用程序，同时，JDBC 也是个商标名。

有了 JDBC，向各种关系数据发送 SQL 语句就是一件很容易的事。换言之，有了 JDBC API，就不必为访问 Sybase 数据库专门写一个程序，为访问 Oracle 数据库又专门写一个程序，或为访问 Informix 数据库又编写另一个程序，程序员只需用 JDBC API 写一个程序就够了，它可向相应数据库发送 SQL 调用。同时，将 Java 语言和 JDBC 结合起来使程序员不必为不同的平台编写不同的应用程序，只须写一遍程序就可以让它在任何平台上运行，这也是 Java 语言"编写一次，处处运行"的优势。

Java 数据库连接体系结构是用于 Java 应用程序连接数据库的标准方法。JDBC 对 Java 程序员而言是 API，对实现与数据库连接的服务提供商而言是接口模型。作为 API，JDBC 为程序开发提供标准的接口，并为数据库厂商及第三方中间件厂商实现与数据库的连接提供了标准方法。JDBC 使用已有的 SQL 标准并支持与其他数据库连接标准，如 ODBC 之间的桥接。JDBC 实现了所有这些面向标准的目标并且具有简单、严格类型定义且高性能实现的接口。

Java 具有坚固、安全、易于使用、易于理解和可从网络上自动下载等特性，是编写数据库应用程序的杰出语言。所需要的只是 Java 应用程序与各种不同数据库之间进行对话的方法，而 JDBC 正是作为此种用途的机制。

JDBC 扩展了 Java 的功能。例如，用 Java 和 JDBC API 可以发布含有 Applet 的网页，而该 Applet 使用的信息可能来自远程数据库。企业也可以用 JDBC 通过 Intranet 将所有职员连到一个或多个内部数据库中（即使这些职员所用的计算机有 Windows、Macintosh 和 UNIX 等各种不同的操作系统）。随着越来越多的程序员开始使用 Java 编程语言，对从 Java 中便捷地访问数据库的要求也在日益增加。

MIS 管理员们都喜欢 Java 和 JDBC 的结合，因为它使信息传播变得容易和经济。企业可继续使用它们安装好的数据库，并能便捷地存取信息，即使这些信息是储存在不同数据库管理系统上。新程序的开发期很短，安装和版本控制将大为简化。程序员可只编写一遍应用程序或只更新一次，然后将它放到服务器上，随后任何人就都可得到最新版本的应用程序。对于商务上的销售信息服务，Java 和 JDBC 可为外部客户提供获取信息更新的更好方法。

10.2.4 ADO.NET

ADO.NET 的名称起源于 ADO（ActiveX Data Objects），是一个 COM 组件库，用于在以往的 Microsoft 技术中访问数据。之所以使用 ADO.NET 名称，是因为 Microsoft 希望表明，这是在.NET 编程环境中优先使用的数据访问接口。

1998 年起，因为 Web 应用程序的崛起，大大改变了许多应用程序的设计方式，传统的数据库连线保存设计法无法适用于此类应用程序，这让 ADO 应用程序遇到了很大的瓶颈，也让微软开始思考让资料集（Resultset，在 ADO 中称为 Recordset）能够离线化的能力，以及能在用户端创建一个小型数据库的概念，这个概念就是 ADO.NET 中离线型资料模型（Disconnected Data Model）的基础。而在 ADO 的使用情形来看，数据库连线以及资源耗用的情形较严重（像是 Server-side Cursor 或是 Recordset.Open 会保持连线状态）。在 ADO.NET 中也改良了这些物件，构成了能够减少数据库连线和资源使用量的功能。XML 的使用也是这个版本的重要发展之一。2000 年，微软的 Microsoft .NET 计划开始成形，许多的微软产品都冠上.NET 的标签，ADO 也不例外，改名为 ADO.NET 并包装到.NET Framework 类别库中，成为.NET 平台中唯一的资料存取元件。

ADO.NET 是一组用于和数据源进行交互的面向对象类库。通常情况下，数据源是数据库，但它同样也能够是文本文件、Excel 表格或者 XML 文件。ADO.NET 允许和不同类型的数据源以及数据库进行交互。然而并没有与此相关的一系列类来完成这样的工作。因为不同的数据源采用不同的协议，所以对于不同的数据源必须采用相应的协议。一些老式的数据源使用 ODBC 协议，许多新的数据源使用 OLE DB 协议，并且现在还不断出现更多的数据源，这些数据源都可以通过.NET 的 ADO.NET 类库来进行连接。

10.3 ADO.NET 概述

ADO.NET 有两个重要组成部分，即 DataSet 和.NET 数据提供者。.NET 数据提供者的对象包括 Connection、Command、CommandBuilder、Datareader 和 DataAdapter。ADO.NET
的组成如图 10-3 所示。

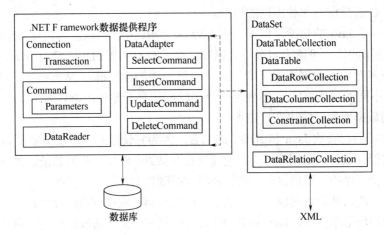

图 10-3　ADO.NET 的组成

.NET 数据提供对象分为三类，包括 SQL 数据提供者、OLE DB 数据提供者和 ODBC
数据提供者。其中 SQL 数据提供者仅支持 SQL Server7.0 及更高版本，OLE DB 数据提供
者支持 Access、Oracle 和 SQL Server 等，ODBC 数据提供者支持的类型较多，分别包括
Access、Oracle、SQL Server、MySql 和 VFP（Visual FoxPro）等。

在.NET 数据提供者中定义的对象，前面必须带有该提供者的标志。如 SqlDataAdapter，
因为它定义在 SQL 数据提供者内，所以要加前缀 Sql。在另两个数据提供者内一般加前缀
OleDb 和 Odbc。

10.3.1　SqlConnection 对象

第一个需要解释的是连接对象 SqlConnection，它包含在 System.Data.SqlClient 命名空
间中，它提供了到数据源的连接及相关连接细节。

1．连接字符串

SqlConnection 的连接字符串有几种表示方法，以本地服务器（LocalHost），数据库
（Northwind）为例，连接字符串可表示为：

（1）string connString=

"Server=LocalHost; Integrated Security=SSPI; Database=Northwind";

（2）string connString=

"Data Source=LocalHost; Integrated Security=SSPI; Initial Catalog=Northwind";

（3）string connString="Persist Security Info=False;

Integrated Security=SSPI; Database=northwind; Server=LocalHost";

（4）string connString=

"Uid=sa; Pwd=***; Initial Catalog=Northwind; Data Source=LocalHost; Connect Timeout=900";

默认情况下，Integrated Security 属性为 False，这意味着将禁用 Windows 身份验证。如

果没有显式地把这个属性的值设置为 True，连接将使用 SQL Server 身份验证，因此，必须提供 SQL Server 用户 ID 和密码。Integrated Security 属性还能识别的其他值只有 SSPI（Security Support Provider Interface，安全性支持提供者接口）。在所有的 Windows NT 操作系统上，其中包括 Windows NT 4.0、2000、XP，都支持值 SSPI。它是使用 Windows 身份验证时可以使用的唯一接口，相当于把 Integrated Security 属性值设置为 True。

  📖 "LocalHost" 可换成 "(local)" 或者 "." 或者 "127.0.0.1"。

2．连接数据库的步骤

使用 SqlConnection 连接数据库的步骤：

（1）添加命名空间。命名空间为：System.Data.SqlClient。

（2）定义连接字符串。连接 SQL Server 数据库时：server=服务器名；database=数据库名；uid=用户名；pwd=密码；例如：要连接本机上的 StudentManagement 数据库，用户名为 sa，密码为 111。

string connString="Uid=sa; Pwd=111;

Initial Catalog=StudentManagement; Data Source=.; Connect Timeout=900";

（3）创建 SqlConnection 对象：

SqlConnection connection=new SqlConnection (connSting);

（4）打开数据库：

connection.Open ( );

（5）对数据库操作完毕后关闭数据库连接

connection.Close ( );

10.3.2　SqlCommand 对象

SqlCommand 对象可以用来对数据库发出具体的操作指令，例如对数据库的查询、增加、修改、删除。

1．创建 SqlCommand 对象

用下列语句可以创建 SqlCommand 对象，并与上面的 connection 连接，其中 sqlQuery 为查询语句。

SqlCommand command =new SqlCommand ( );

command.Connection=connection;

command.CommandText=sqlQuery;

2．SqlCommand 对象的主要方法

SqlCommand 对象主要有以下方法：

- ExecuteNonQuery：执行后不返回任何行，对于 UPDATE、INSERT、DELETE 语句，返回影响的行数；对于其他类型的语句，返回值为–1。

- ExecuteReader：执行查询语句，返回 DataReader 对象。
- ExecuteScalar：执行查询，并返回查询结果的第一行第一列，忽略其他列或行。
- ExecuteXmlreader：将 CommandText 发送到 Command 并生成一个 XmlReader。

10.3.3　SqlDataAdapter 对象

表示用于填充 DataSet 和更新 SQL Server 数据库的一组数据命令和一个数据库连接。在 SqlDataAdapter 和 DataSet 之间没有直接连接。当完成 SqlDataAdpater.Fill（DataSet）调用后，两个对象之间就没有连接了。

1．创建 SqlDataAdapter

SqlDataAdapter da=new SqlDataAdapter ( );
da.SelectCommand=command;

2．获取查询结果

DataSet ds=new DataSet( );
da.Fill (ds);　　　　　//这里 ds 中的表名为 Table

如果调用了一个 SqlDataAdapter 对象的 Fill 方法，而 SelectCommand 属性的 Connection 关闭了，那么 SqlDataAdapter 就会开放一个连接，然后提交查询、获取结果、最后关闭连接。如果在调用前开放了 Connection，那么操作之后仍然保持开放。

10.3.4　SqlDataReader 对象

SqlDataReader 对象只能以只读、只进的方式从数据库中查询数据，每次的操作只有一个记录保存在内存中。SqlDataReader 对象提供一种读取数据库中行的只进流的方式，它不能被继承且必须实例化后才能使用。

1．SqlDataReader 对象的主要方法

- Read：读取下一条数据。
- Close：关闭 SqlDataReader 对象。

2．使用 SqlDataReader 提取数据的步骤

- 建立与数据库的连接并打开。
- 创建一个 SqlCommand 对象。
- 从 SqlCommand 对象中创建 DataReader 对象。
- 使用 SqlDataReader 读取并显示。
- 可以使用一个循环利用 Read 方法遍历数据库中行的信息，如果要获取该行中某列的值，只需要使用"["和"]"运算符就可以了。
- 分别关闭 SqlDataReader 对象和数据库的连接。

SqlDataReader 对象提供只读单向数据的快速传递，单向指只能依次读取下一条数据，只读是指 SqlDataReader 中的数据是只读的，不能修改。相对地，DataSet 中的数据可以任意读取和修改。

它有一个很重要的方法：Read，返回布尔值，作用是前进到下一条数据，一条条的返回数据，当布尔值为真时执行，为假时跳出。

```
while (dr.Read( ))
{
Response.write (dr["UserName"])
}
dr.close ( );
```

【例 10-1】 用户登录判断时候合法用户的代码。

```
SqlConnection con = DB.WebConnection ( );          //通过类调用连接上数据库
con.Open ( );                                      //打开连接
SqlCommand com = new SqlCommand ( );
com.CommandText = "Select * from Users where UserName='" + tbUserName.Text + "'";
com.CommandType = CommandType.Text;
com.Connection = con;
SqlDataReader reader = com.ExecuteReader ( );
if (reader.read ( ))
{
int UserID = reader.GetInt32 (0);
string Password = reader["UserPassword"].ToString ( );
string Password0 = tbUserPassword.Text;
if (Password = = Password0)
{
Session["uid"] = UserID;
Session["name"] =tbUserName.Text;
Response.Redirect ("index.aspx");
}
else
{
Response.Redirect ("login.aspx");
}
}
else
{
Response.Redirect ("login.aspx");
}
```

10.3.5　DataSet 对象

数据集 DataSet 是断开与数据源的连接时，可以被使用的数据记录在内存中的缓存。它在应用程序中对数据的支持功能十分强大，DataSet 一经创建，就能在应用程序中充当数据库的位置，为应用程序提供数据支持。

数据集 DataSet 的数据结构可以在.NET 开发环境中通过向导完成，也可以通过代码来增加表、数据列、约束以及表之间的关系。数据集 DataSet 中的数据既可以来自数据源，也可以通过代码直接向表中增加数据行。这也看出，数据集 DataSet 类似一个客户端内存中的数据库，可以在这个数据库中增加、删除数据表，可以定义数据表结构和表之间的关系，可以增加、删除表中的行。

数据集 DataSet 不考虑其中的表结构和数据是来自数据库、XML 文件还是程序代码，因此数据集 DataSet 不维持到数据源的连接，从而缓解了数据库服务器和网络的压力。对数据集 DataSet 的特点总结可以总结为四点：

- 使用数据集对象 DataSet 无需与数据库直接交互。
- DataSet 对象是存储从数据库检索到的数据的对象。
- DataSet 对象是零个或多个表对象的集合，这些表对象由数据行和列、约束和有关表中数据关系的信息组成。
- DataSet 对象既可容纳数据库的数据，也可以容纳非数据库的数据源。

数据集 DataSet 是以 DataSet 对象形式存在的。DataSet 对象是一种用户对象，此对象表示一组相关表，在应用程序中这些表作为一个单元来引用。DataSet 对象的常用属性是 Tables、Relations 等。DataSet 对象的层次结构如图 10-4 所示。

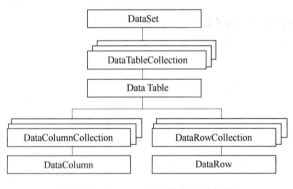

图 10-4　DataSet 对象的层次结构图

DataSet 对象由数据表及表关系组成，所以 DataSet 对象包含 DataTable 对象集合 Tables 和 DataRelation 对象集合 Relations。而每个数据表又包含行和列以及约束等结构，所以 DataTable 对象包含 DataRow 对象集合 Rows、DataColumn 对象集合 Columns 和 Constraint 对象集合 Constraints。

DataSet 层次结构中各个类的关系，如图 10-5 所示。

图 10-5 所示的是用一个具体实例来描述的 DataSet 层次结构中各个类之间的关系。整个图表示的是一个 DataSet 对象，用来描述一个学生成绩管理系统的客户端数据库。DataSet 对象中的 DataTableCollection 数据表集合包含 3 个 DataTable 对象，分别是 StudentTable 代表学生表、ClassTable 代表班级表和 GradeTable 代表成绩表。其中在 StudentTable 对象中的 DataColumnCollection 数据列集合包含 4 个 DataColumn 对象，分别是 id 代表学生号、name 代表学生姓名、class 代表学生班级号和 sex 代表学生性别。StudentTable 对象还包含了按数据列定义结构的 DataRow 数据行集合 DataRowCollection。DataRowCollection 数据行集合中的每个 DataRow 数据行表示一个学生的数据信息。例如第一条，学号为"1"、姓名是"小菲"、班级为"5"、性别为"女"。

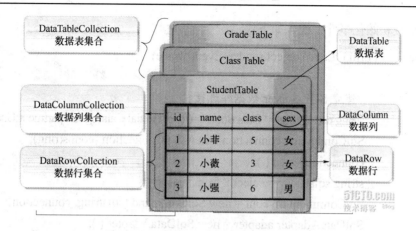

图 10-5　DataSet 对象层次结构中类之间的关系

数据集 DataSet 的工作原理如图 10-6 所示。

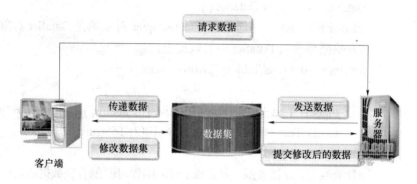

图 10-6　DataSet 的工作原理

图 10-6 所示的过程就是数据集 DataSet 的工作原理。首先，客户端与数据库服务器端建立连接。然后，由客户端应用程序向数据库服务器发送数据请求。数据库服务器接到数据请求后，经检索选择出符合条件的数据，发送给客户端的数据集，这时连接可以断开。接下来，数据集以数据绑定控件或直接引用等形式将数据传递给客户端应用程序。如果客户端应用程序在运行过程中有数据发生变化，它会修改数据集里的数据。当应用程序运行到某一阶段时，比如应用程序需要保存数据，就可以再次建立客户端到数据库服务器端的连接，将数据集里的被修改数据提交给服务器，最后再次断开连接。

把这种不需要实时连接数据库的工作过程称为面向非连接的数据访问。在 DataSet 对象中处理数据时，客户端应用程序仅仅是在本地机器上的内存中使用数据的副本。这缓解了数据库服务器和网络的压力，因为只有在首次获取数据和编辑完数据并将其回传到数据库时，才能连接到数据库服务器。

虽然这种面向非连接的数据结构有优点，但还是存在问题。当处于断开环境时，客户端应用程序并不知道其他客户端应用程序对数据库中原数据所做的改动。很有可能得到的是过时的信息。

【例 10-2】　新建窗体命名为 Form5.cs，双击 Form5 的窗体界面，进入后台编码区域，

在其窗体加载初始化事件中键入如下代码:

```
private void Form5_Load (object sender, EventArgs e)
        {
                //建立 SQL Server 数据库连接
                string connstring = "Data Source=(local);Initial Catalog=Department;User ID=sa";
                SqlConnection connection = new SqlConnection (connstring);
                connection.Open ( );
                string sqlstring = "select * from student";
                SqlCommand mycom = new SqlCommand (sqlstring, connection);
                SqlDataAdapter adapter = new SqlDataAdapter ( );
                adapter.SelectCommand = mycom;
                //创建 DataSet 对象
                DataSet    ds = new DataSet ( );
                adapter.Fill (ds);        //通过 SqlDataAdapter 对象填充 DataSet 对象
                //开始循环读取 DataSet 中的数据表信息
                for (int i = 0; i < ds.Tables[0].Rows.Count; i++)
                {
                    //label1.Text += ds.Tables[0].Rows[i]["sname"].ToString ( )+"\n";
                    label1.Text += ds.Tables[0].Rows[i][2].ToString ( ) + "\n";
                }
                //释放数据库连接资源。要养成了好的编程习惯,操作完数据后记住打扫垃圾!
                connection.Dispose ( );
                connection.Close ( );
                connection = null;
        }
```

10.4　使用 ADO.NET 访问数据库

前面讲解了 ADO.NET 的各组成对象,本节综合应用各组成对象访问数据库,并对数据库进行各种操作。

10.4.1　连接数据库

打开 Visual Studio 2008,选择"文件→新建→项目→Windows 应用程序",选择"C#",设计窗体 Form1,如图 10-7 所示。

1. 连接字符串

假设学生公寓管理系统的数据库名称是 DBTest,连接字符串的建立有两种方式:通过写代码和通过 DataGridView 控件获得连接字符串。

（1）通过代码建立连接字符串。string constr = "Data Source=127.0.0.1；Initial Catalog=DBtest；Integrated Security=True";

（2）通过 DataGridView 控件。工具箱→数据→DataGridView→选择数据源→添加项目数据源→数据库→新建连接→Microsoft SQL Server→服务器名："127.0.0.1"→数据库名：DBTest，如图 10-8 所示。

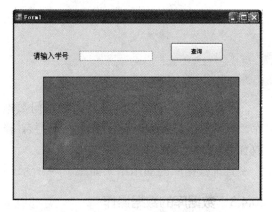

图 10-7 设计窗体 Form1   图 10-8 通过 DataGridView 获得连接字符串

2．连接数据库

新引入一个命名空间：using System.Data.SqlClient；

string sqlstr；

string constr = "Data Source=127.0.0.1; Initial Catalog=DBtest; Integrated Security=True";

SqlConnection con = new SqlConnection (constr);

con.Open ( );

通过上述代码，即连接到本机的 DBTest 数据库，然后把连接打开。

10.4.2 查询数据库

查询数据库的过程是：首先建立 SqlCommand 对象，发送 SQL 语句，然后把查询结果装载在数据集里，再通过 DataGridView 控件显示出来。

1．建立 SqlCommand 对象

因为查询的时候允许空值查询，所以首先判断文本框内容是否为空，SQL 语句有所区别，如下所示：

if（textBox1.Text!=""）

  sqlstr = "select * from Student where studentNo='"+textBox1.Text+"'";

else

  sqlstr = "select * from Student ";

然后建立 SqlCommand 对象，并和 10.4.1 建立的连接相关联。

SqlCommand cmd = new SqlCommand ( );

```
cmd.Connection = con;
cmd.CommandText = sqlstr；
```

2．装载数据集并显示

```
SqlDataAdapter da = new SqlDataAdapter (cmd);
DataSet ds = new DataSet ( );
da.Fill (ds);
con.Close ( );
dataGridView1.DataSource = ds.Tables[0];
da.Dispose ( );
```

图 10-9　查询数据库的结果

因为数据集 DataSet 可以离线访问数据库，所以数据集装载以后，可以关闭连接，释放 SqlDataAdapter 对象。

查询数据库的演示结果如图 10-9 所示。

10.4.3　数据库的数据操作

除了对数据库进行查询操作，还可以对数据库进行增、删、改操作。对数据库进行数据操作的步骤如下所示。

1．连接数据库

连接数据库的方法与上述讲解相同，如下所示：

```
string constr = "Data Source=127.0.0.1; Initial Catalog=DBtest；Integrated Security=True";
SqlConnection con = new SqlConnection (constr);
con.Open ( );
```

2．建立 SqlCommand 对象

这时建立 SqlCommand 对象与查询不同之处在于 SQL 语句的不同，需要改变为增、删、改对应的 SQL 语句，假设需要把文本框的内容插入到数据库中，如下所示：

```
string sqlstr = "insert into Student values ('" + textBox1.Text.ToString ( ) + "'，'" + textBox2.Text.ToString () + "','" + textBox3.Text.ToString ( ) + "') ";
SqlCommand cmd = new SqlCommand ( );
cmd.Connection = con;
cmd.CommandText = sqlstr;
```

3．SqlCommand 对象的执行

因为对数据库进行增、删、改操作时，并不返回结果集，所以需要调用 SqlCommand 对象的 ExecuteNonQuery 方法，并根据执行结果，捕获异常，并给出相应的提示，如下所示：

```
try
{
        int r = cmd.ExecuteNonQuery ( );
                con.Close ( );
                if (r = = 0)
                {   MessageBox.Show ("添加失败!");   }
                else
                {   MessageBox.Show ("添加成功!");
                    textBox1.Text = "";
                    textBox2.Text = "";
                    textBox3.Text = "";
                }
}
catch (SqlException err)
{   MessageBox.Show ("主键重复或者为空! ");       }
```

执行结果如图 10-10 所示。

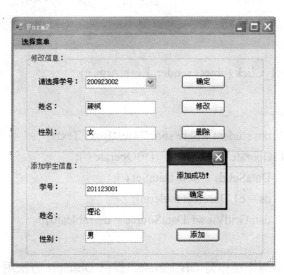

图 10-10　添加记录的执行结果

10.4.4　建立数据库操作类

因为开发一个系统，可能需要重复调用连接数据库、查询、对数据集进行操作等过程，所以基于面向对象程序设计可重用性的特点，可以建立一些数据库操作类，把一些频繁调用的方法作为数据库操作类的方法。需要使用这些方法的时候，只需要实例化数据库操作类，调用方法即可，从而可以减少很多工作量，减少出错的几率。

【例 10-3】　建立数据库操作类 DBOperate，用来实现对数据库 DBTest 的查询操作。

189

```
class DBOperate
{
        public DataSet Dbselect (string sqlcon)
        {
string constr = "Data Source=.; Initial Catalog=DBtest; Integrated Security=True";
            SqlConnection con = new SqlConnection (constr);
            con.Open ( );
            SqlCommand cmd = new SqlCommand ( );
            cmd.Connection = con;
            cmd.CommandText = sqlcon;
            SqlDataAdapter da = new SqlDataAdapter (cmd) ;
            DataSet ds = new DataSet ( );
            da.Fill (ds);
            da.Dispose ( );
            con.Close ( );
            return ds;
        }
}

private void button1_Click (object sender, EventArgs e)
{
    string sqlcon；
sqlcon = "select * from student where sno='"+textBox1.Text+"'";
        DBOperate    c1 = new    DBOperate ( );
            DataSet ds = new DataSet ( );
            ds = c1.Dbselect (sqlcon);
            dataGridView1.DataSource = ds.Tables[0];
}
```

　　如上所示，建立数据库操作类 DBOperate，提供 Dbselect 方法用于查询记录，该方法以查询的 SQL 语句作为参数，返回查询的结果集。当需要对 DBTest 数据库进行查询时，只需建立 DBOperate 类的实例 c1，并调用 c1 的 Dbselect 方法。

10.5　学生公寓管理系统的实施

　　本节主要选取学生信息管理模块和访客管理模块两个关键的模块，演示实施界面。
　　首先需要登录，登录界面如图 10-11 所示。
　　登录窗体的主要功能是通过用户名和密码验证用户身份的合法性。用户输入完用户名和密码后,程序会将用户名和密码与数据库中的数据进行比对。用户登录的机会为 3 次,如果连续 3 次密码错误,系统会自动关闭。不同身份登录有不同的权限,如果登录成功,显示学生公寓管理系统运行主界面,如图 10-12 所示。

主菜单包含了对公寓管理、寝室管理、学生管理、来访登记管理以及员工管理五大基本功能,并在主菜单中运用多级菜单技术,提供了学生、登记、员工的资料修改功能。

图 10-11 用户登录界面

工具栏按钮设计了学生基本情况录入、学生基本信息的查询、来访登记、资料修改等一些用户常用的功能,以便用户可以更加快速、简单地进行操作。

图 10-12 学生公寓管理系统主界面

状态栏可以显示当前操作的时间、当前用户名和登录系统的身份。

10.5.1 学生信息管理模块

1. 学生查询界面

学生查询界面的主要功能可以按学号查询、按姓名查询、按家庭住址查询、按所在班级查询或者混合查询。学生查询的界面如图 10-13 所示。

2. 学生信息录入界面

公寓管理员在添加学生信息时,程序会识别填写的信息是否完整,当学号、姓名、班级、寝室号、家庭住址和联系方式 6 个文本框中,有任意一个没有填写,程序都会弹出信息框提醒用户把信息填写完整。

191

学生信息录入界面如图 10-14 所示。

图 10-13 学生查询界面

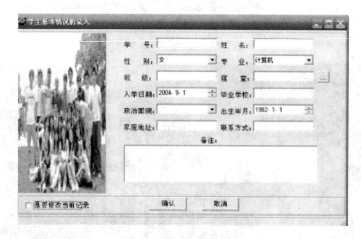

图 10-14 学生信息录入界面

当用户填写信息完整以后,程序首先会在学生信息表中检测学号是否重复,因为学号是学生的唯一标识,如果重复,程序会提醒用户。其次程序会根据公寓信息表和寝室信息表来检测用户所填的公寓号和寝室号是否存在,如果不存在,也会提醒用户。最后,程序会根据用户填写的公寓号和寝室号,从学生信息表与寝室表中查询该寝室的可住人数。如果寝室人数已经达到该寝室可住上限,程序会提醒用户进行修改,以免造成错误。在用户修改学生所住寝室信息的时候,程序也会自动检测。

10.5.2 访客管理模块

访客管理模块的主要功能有:添加来访记录、修改来访信息、删除来访记录和查找来访记录。

1. 来访登记界面

来访登记界面如图 10-15 所示。对公寓来说安全性是非常重要的,用户必须对来访人员进行严格审查，通过此窗体可以实现对来访人员进行过滤，只有被访人员在数据库中才允许来访人员进入公寓。

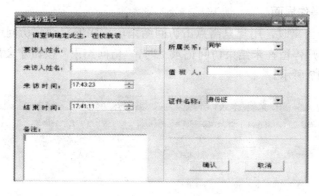

图 10-15 来访登记界面

2. 出楼货物登记界面

出楼货物登记界面如图 10-16 所示，该窗口也是为了保证公寓的安全，对出楼的货物进行严格的审核，只有携物人员出示有效证件才能将货物带出公寓，并要对携物人员的姓名、专业、证件、出楼时间等基本信息进行登记。

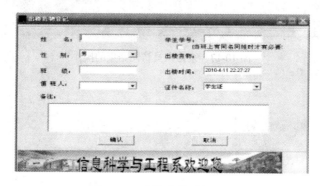

图 10-16 出楼货物登记界面

用户可以根据访问状态（未结束访问、已结束访问和全部）以及访问时间进行相关访问记录的查询。访问时间的默认值是系统当前时间，程序判断访问状态是根据该访问记录是否具有访问结束时间判断的。

本程序为了保护公寓内的安全，以免有人混进公寓，所以对来访人员有着严格的审查制度。当来访人员要进入公寓时，他必须提供被访人的姓名方可访问。宿舍管理员可以根据输入的姓名查询到该寝室所有人的姓名。如果来访人提供的信息与宿舍管理员看到的不符，则可以禁止他进入公寓，从而大大提高了公寓的安全性。

在这个窗口中，来访时间、结束时间、值班人都是只读的，不可以修改，这样是为了提高学生公寓的安全系数。来访时间和值班人在添加来访记录时，程序会根据系统时间和登录时记下的用户名自动添加到数据库中，用户不能修改。结束时间则在来访人员离开公寓时，由用户点击按钮则可以把系统时间添加到结束时间中。如果在某个时段，学生公寓发生偷窃或其他意外情况，用户可以查看当天的来访人员记录，进行调查，时间和值班人不可修改保证了数据的真实性，也提高了学生公寓的安全性。

3．访问结束操作界面

当来访人离开公寓时，用户只需点击访问结束，程序便自动将访问结束时间添加到数据库中。只有当用户停留在未结束访问记录上时，"访问结束"按钮才会出现，用户方可进行操作，如图 10-17 所示。

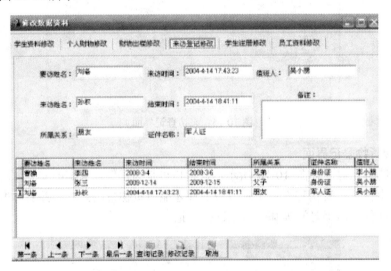

图 10-17　来访人员访问结束的操作

参 考 文 献

[1] 萨师煊，王珊. 数据库系统概论 [M]. 4 版. 北京：高等教育出版社，2006.

[2] 何玉洁. 数据库原理与应用教程 [M]. 北京：机械工业出版社，2010.

[3] 尹志宇. 数据库原理与应用教程——SQL Server [M]. 北京：清华大学出版社，2010.

[4] 严冬梅. 数据库原理 [M]. 北京：清华大学出版社，2011.

[5] 李春葆. C#程序设计教程（第 2 版）[M]. 北京：清华大学出版社，2013.

[6] 江红，余青松. C#. NET 程序设计教程 [M]. 2 版. 北京：清华大学出版社，2013.